服装实用技术·应用提高

时装造型设计·连衣裙

侯凤仙　卓开霞　编著

中国纺织出版社

内容提要

本书将连衣裙按照不同的穿着方式和场合分为休闲类连衣裙、职业装类连衣裙、晚礼服类连衣裙和牛仔类连衣裙，利用效果图、结构图和立体裁剪示意图分析和说明不同风格连衣裙的造型特点和典型款式，使读者了解不同类型、不同风格的连衣裙的款式特点、面料应用和装饰手法。

本书理论与案例相结合，以案例为主，内容丰富、浅显易懂，可供高等院校服装专业学生学习参考，也可供服装企业设计人员、技术人员和服装爱好者阅读。

图书在版编目（CIP）数据

时装造型设计. 连衣裙／侯凤仙，卓开霞编著. —北京：中国纺织出版社，2015.3

（服装实用技术. 应用提高）

ISBN 978-7-5180-1370-8

Ⅰ. ①时… Ⅱ. ①侯… ②卓… Ⅲ. ①连衣裙—服装设计 Ⅳ. ①TS941.2

中国版本图书馆CIP数据核字（2015）第025382号

策划编辑：张晓芳　　责任编辑：张思思　　特约编辑：温　民
责任校对：余静雯　　责任设计：何　建　　责任印制：储志伟

中国纺织出版社出版发行
地址：北京市朝阳区百子湾东里A407号楼　邮政编码：100124
销售电话：010—67004422　传真：010—87155801
http：//www.c-textilep.com
E-mail：faxing@c-textilep.com
中国纺织出版社天猫旗舰店
官方微博http：//weibo.com/2119887771
北京通天印刷有限公司印刷　各地新华书店经销
2015年3月第1版第1次印刷
开本：787×1092　1/16　印张：13.75
字数：156千字　定价：35.00元

序

服装的出现源于人类生活的需要，人类自从有了服装以后，便一刻也不曾离开过它。服装具有丰富多样性，这种特性随着人类社会的发展，变得越来越明显。所以，服装需要设计，这种设计便是直接指向人们对于服装功能的和审美的需求。

可是，服装的造型并不像人们通常所认为的，只是设计的结果，事实上不用设计，服装也会因为人体个体形态的变化而呈现出不同的造型，即使是披在人体上的一块布料，有时也会被认为是一种有造型的服装，而人类关于服装的认识，其实就是从如此简单的造型开始的。

当服装发展到一定程度的时候，人们发现，世界各地的服装尽管丰富多彩，但是有些基本的样式和结构却万变不离其宗。于是，他们归纳这些共性特征，将服装的原型从结构上概括为最基本的三类：一是缠绕式或称为卷衣，二是套头式或叫贯头式，三是前开合式。在古代，前开合式服装以中国为代表，而缠绕式则多见于古希腊、古罗马，套头式在美洲文明和古埃及出现较早。在这些基本的服装类型中，除了缠绕式难以区分上下，套头式和前开合式都有上衣下裳款式之分。而我们所说的连衣裙，便是指上衣与下裳相连属的服装样式。但传统意义上的连衣裙，无论是前开合式的还是套头式，在造型设计上往往都保留有明显或隐约的上下分属的造型特征，如以腰线为分界的裁后缝合或上下不同的造型设计，我国古代的深衣就是属于这种类型的设计，但是后来的许多连衣裙款式则不再受此传统的限制。

侯凤仙和卓开霞所编著的《时装造型设计·连衣裙》，其内容主要是裙装结构方面的成型工艺设计，在我看来，这里的造型设计是偏重于技术性的，但技术性的设计如果离开了对服装形态造型的依托，技术性的设计便失去了可供呈现的物质载体。在服装设计这一行业中，以往人们对于服装技术性设计的重要性，并不十分在意，其实技术与艺术相辅相成，可以互相成就。我想，在我们生活的这个世界上，充满着各种各样不同智力的挑战，设计构思、艺术的和技术的造型设计，都是其中的一种，而技术的可贵之处在于它是一门如何实现理想的学问。因此，技术与艺术就像是硬币的两个面，缺一不可。在服装造型设计中，艺术和技术也是各司其职、各尽所能，并且相得益彰。

所以，这本《时装造型设计·连衣裙》的出版，对于丰富以往相关的成果是一种推进，并不乏有创新方面的贡献。与此同时，由于本书采用设计说明、效果图和工艺制图三位一体的编写形式，方便了使用者的阅读理解或是参考模拟，增强了实用性。而撰写这本书的两位作者，又都是长期从事服装教学和有设计实践经验的教师，内容是翔实、准确和可信的，这也是我推荐此书为服装从业者和爱好者有益的读物的理由。是为序。

郑巨欣

2014年8月

于杭州沁雅花园

前言

在女性的衣橱中，裙子是必不可少的服饰之一，而连衣裙因其独特的风格、韵味成为女性朋友钟爱的服装款式。不同的造型设计、结构特点，不同的面料及装饰手法可以造就风格迥异的连衣裙款式。笔者通过翻阅资料和实际调研发现，在服装品牌开发中经常会遇到连衣裙造型设计和装饰手法等方面的问题，而国内有关连衣裙造型设计方面的研究和著作寥寥无几，有的书中关于连衣裙造型的论述相对单一，没有以结构和装饰为侧重点来论述；国外有关连衣裙的资料比国内丰富，但遗憾的是由于东西方人体差异，只能作为参考资料，实际应用价值不大。本书意在通过对连衣裙不同功能性的研究，将连衣裙按照不同的穿着方式和场合进行分类，试图探究和总结出不同风格连衣裙的造型特点和典型款式，并利用效果图、结构图和立裁示意图进行分析和说明，使读者了解不同类型、不同风格的连衣裙的款式特点、面料应用和装饰手法。

在服装行业中，造型设计是服装产品开发中技术性较强的一个环节。要想一件服装能结合人体特点、面料性质、款式风格且设计得既合体又能掩饰人体缺陷，其造型设计起着关键性的作用。同时，服装造型设计也是最能体现设计师在一件服装中所要体现的设计意图的关键步骤。

本书的编者一直从事服装设计与工程的教学和研究工作，同时具有丰富的企业一线的实践操作经验。在连衣裙造型设计的编写中，采用了平面制板和立体裁剪相结合的造型手法，使连衣裙的造型效果更加直观，更能贴合设计意图。同时还列举了立裁板型的平面展开方法及展开后的平面样板修正技巧，具有较强的实用性。

在本书的编写中，很荣幸地得到了中国美术学院的吴海燕教授和郑巨欣教授的指导，在此表示衷心的感谢！在图片绘制和处理上得到了浙江纺织服装职业技术学院张玉芹女士和中国美术学院新媒体专业学生李璐娟的大力帮助，深表感谢。

由于编写时间有限、水平有限，书中难免会有疏漏和错误，欢迎同行专家和广大读者批评指正。

编著者

2014 年 8 月

目录

第一章　概述[1]

第一节　连衣裙的发展历史

连衣裙，又称“连衫裙”，英文称 One-piece Dress 或 Dress。是上下连属的一种服装款式。连衣裙的形成和发展几乎是与人类文明史相伴的，早在远古时期就有了连衣裙款式，值得一提的是最早连衣裙不仅是女人们特有的服装，男性服装中也有连衣裙，如我国古时候的深衣就是男女皆用。而我们这里探讨的只限于女装连衣裙的造型发展。

从目前的史料我们能得到的西洋最早连衣裙的雏形应该从古埃及的“卡拉西里斯”（Kalasiris）[2] 说起，此款是古埃及从叙利亚和美索不达米亚等地进军获得的战利品，是一种贯头衣。同一时期，还出现一种叫“多莱帕里”的卷衣（Drapery），类似袈裟缠裹在身上，形成许多垂悬褶皱；还出现丘尼克（Tunic），其长度从膝到脚均有（图 1-1），也有带袖子的丘尼克。

(a) 穿丘尼克的女子　　(b) 穿克拉西里斯的女子

图1-1　连衣裙雏形

❶ 连衣裙造型设计与装饰手法研究（编号：20071336，浙教高【2007】208 号文件），浙江省教育厅科研计划项目。

❷ 李当岐 . 西洋服装史，［M］. 北京：高等教育出版社，1995.

我国最早的裙式服装雏形要算马家窑出土的彩陶盆上舞蹈人穿着的裙装，彩陶盆上舞蹈纹共分三组，每组有舞蹈者五人，手拉着手，踏歌而舞，面向一致。

他们头上有发辫状饰物，身下也有飘动的饰物，似是裙摆。人物头饰与下部饰物分别向左右两边飘起，增添了舞蹈的动感。这件彩陶盆表达了先民们用舞蹈来庆祝丰收、欢庆胜利、祈求上苍或祭祀祖先，集中反映了五六千年前人们的智慧和生活情趣（图 1–2）。随后始于西周盛行于春秋时期的深衣为最具特色的连衣裙，《礼记·深衣》：“古者深衣，盖有制度，以应规、矩、绳、权、衡”。汉代郑玄注：“名曰深衣者，谓连衣裳而纯之以采也。”唐代孔颖达正义：“所以此称深衣者，以余服则上衣下裳不相连，此深衣衣裳相连，被体深邃，故谓之深衣。”综合各家所言并参考出土实物[1]，所谓深衣，大致有如下几方面特点：深衣是一种上下连属的服装，制作时上下分裁，然后在腰间缝合；采用矩领；衣长至踝；续衽钩边（图 1–3）。

图1–2　马家窑出土的彩陶盆

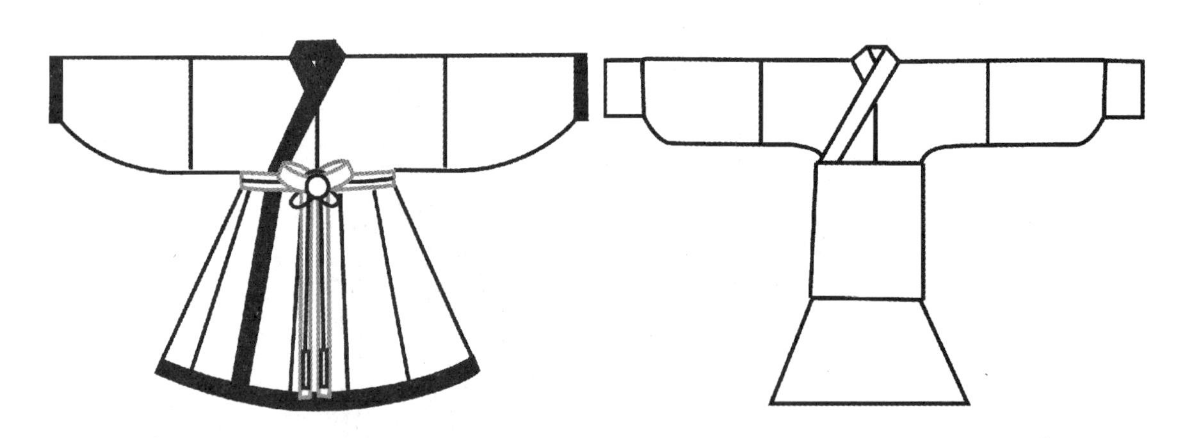

图1–3　深衣

至魏晋南北朝时期，裙子的样式变化更丰富了，顾恺之所作的《烈女图》《女史图》《洛神赋图》中有大量的女裙款式，敦煌莫高窟的壁画中也有大量的图片反映当时中国早先的连衣裙款式。唐宋时连衣裙的款式变化也很丰富，连衣裙常配披帛，裙长曳地，《簪花仕女图》《纨扇仕女图》《捣练图》中的妇女都穿这种曳地长裙，孟浩然在《春情》诗中“坐时衣带萦纤

[1] 缪良云.《衣经》［M］. 上海：上海文化出版社，2000 年 4 月 .p21

草，行即裙裾扫落梅”生动地反映了当时妇女身着长裙的情景（图 1–4）。此后连衣裙又有很多新款式，明代的百褶裙、清代的旗袍等，都是连衣裙的变化。到清末民初，服装向平民化、国际化进行自由变革，旧式的旗女长袍被摒弃，新式旗袍则开始酿成。当时的女学生作为知识女性的代表，成为社会的理想形象，她们是文明的象征、时尚的先导，以至社会名流、时髦人物都纷纷作女学生装扮，改良的旗袍在此时翻新出许多样式。20 世纪 30、40 年代是旗袍的鼎盛期，这时出现的改良旗袍又在结构上吸取西式裁剪方法，使袍身更为称身合体。旗袍虽然脱胎于清代旗女长袍，但已不同于旧制，成为兼收并蓄中西服饰特色的近代中国女子的标准服装。时至今日旗袍已作为中国经典连衣裙经常活跃于时尚舞台。

图1–4　穿长裙的仕女图

在欧洲，到第一次世界大战前，妇女服装的主流一直是连衣裙，并作为出席礼仪场合的正式服装（图 1–5）。“一战”后，由于女性越来越多地参与社会工作，衣服的种类不再局限于连衣裙，但仍然作为一种重要的服装。作为礼服来说，大多还是以连衣裙的形式出现。连衣裙承载着历史变化，其款式变化丰富、穿着场合广泛，尤其是在当今时尚潮流影响下更是婀娜多姿，正如美国设计师 DianeVon 所说：“要感觉像个女人，请穿连衣裙”。连衣裙被时尚大师们赋予了各种各样的语言，唯独不变的是它那浓浓的女人味，这也是连衣裙备受青睐的原因之一，“有多少种裙子，便有多少种风情”❶。

(a) 17世纪欧洲女裙　　(b) 18世纪欧洲女裙

图1-5　礼仪场合的正式服装

第二节　连衣裙的分类

一、连衣裙造型学范畴内的诸元素

纳入服装造型学范畴来分析，连衣裙的造型设计与很多元素相关联，如面料设计、款式设计、结构设计、工艺设计、营销设计等因素，每个因素相互交叉，相互影响，构成了一个庞大的造型设计网络（图1-6）。在这张网络图中，我们可以看出，服装社会学和心理学是款式设计要研究的内容，要了解消费者在一定时期内的消费心理和该时期的社会发展情况，还要把握时尚情报，研究流行学，要借助一些现代化设备来实现款式造型和结构造型。决定连衣裙造型的另一个重要元素就是结构设计，连衣裙内结构设计不但要照顾到人体所需的功能性，还要考虑与外在造型结合而达到最佳比例，使连衣裙的立体感达到理想状态。在人类服装演化几千年后，造型学的诸元素中已派生出许多元素，丰富了连衣裙造型设计时所要考虑的内容。如在造型设计中，由于科技的发展，面料的品种和功能越来越多，这样，结构造型设计时就要考虑到面料的弹性、洗水缩水率、面料肌理效果、涂层或闪光效果等因素，而流行信息、服装史、社会学等因素则在款式造型设计中左右着人们的审美情趣。

❶ Beyondna.《舞步蹁跹——裙子图话》［M］. 天津：百花文艺出版社 .2004年1月 .p235.

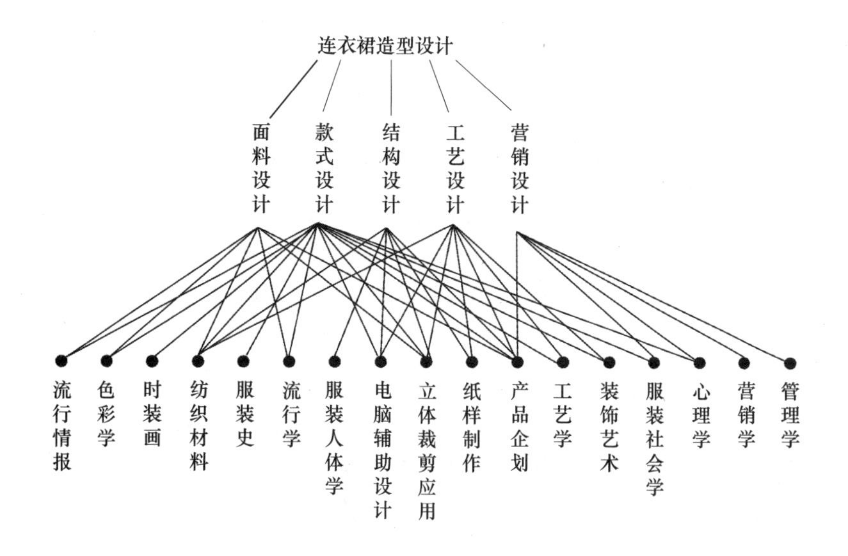

图1-6　造型设计网络

二、活化于当下的时尚连衣裙

时至今日，连衣裙已成为时装家族中耀眼的一族，带着几千年人类文明史的沉淀，带着古老和时尚，却更是带着鲜活，装点着人们的生活，着装场合可以从盛大宴会到日常休闲娱乐，面料选用也可以从轻盈的纱到厚重的毛呢和牛仔布，外造型可长可短，内造型也丰富多变，其结构分割线随流行趋势的变化而变化。所以，归纳一下活化于当下的时尚连衣裙可以分为这几大类：休闲类连衣裙、职业装类连衣裙、晚礼服类连衣裙、个性牛仔类连衣裙等（图 1-7）。

休闲连衣裙造型随意，分时装休闲型和民俗休闲型连衣裙，时装休闲型连衣裙创意性强，可满足女性在休闲娱乐时穿着，是现代时尚女装的主流款式，可以和其他衣服组成套装；民俗休闲型连衣裙有着博大的素材库，能很好地发挥设计灵感，从中体会原创设计的魅力，而且不同民族不同民俗，两者之间有一部分可相互转化。职业装类连衣裙可满足职业女性在正式场合的穿着需求，既不失女性妩媚的一面，又能恰当地展示职业女性的优点。晚礼服连衣裙可分为中式和西式晚礼服式连衣裙，各自的历史积淀不同，所表现的风采和性格也不同，比如，中式晚礼服旗袍裙以其独特气质，精良裁剪和滚边镶嵌工艺，堪称连衣裙中精品。个性牛仔类连衣裙可分为前卫式和经典类牛仔连衣裙，深受青年女性喜爱，牛仔类连衣裙登上时尚舞台后，总是以它固有的魅力吸引着弄潮儿的垂青，由于其款式多变，加上洗水效果，令其表现力丰富多变，在当今时尚女装中个性牛仔连衣裙已占有很重要的地位。

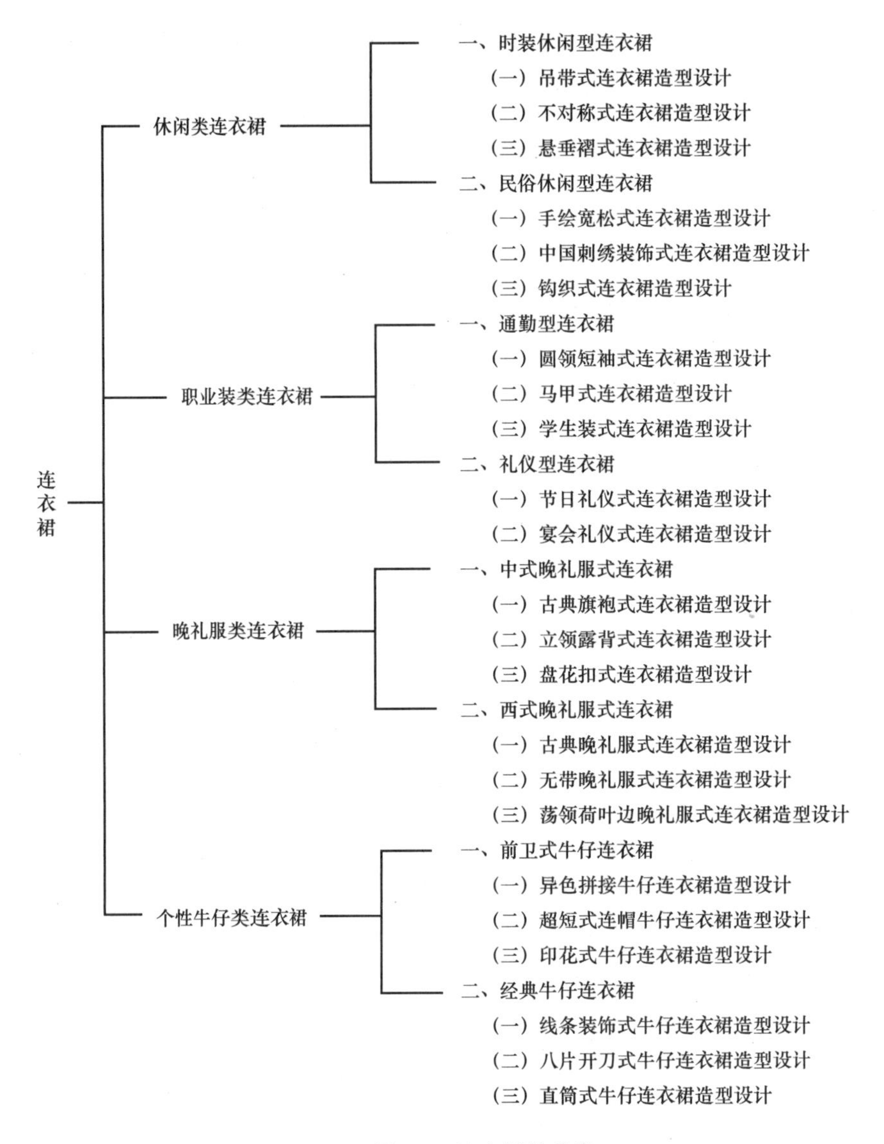

图1-7　连衣裙的分类

第三节　连衣裙的号型和放松量

一、号型的内容

（一）号型定义

服装号型是服装长短和肥瘦的标志，是根据正常人体体型规律和使用需要，选用最有代表性的部位，经过合理归并设置的。

“号”：是以 cm（厘米）表示的人体身高（从头顶垂直到地平面的长度）。其中也包含颈椎点高、坐姿颈椎点高、腰围高等各主要控制部位数值。“号”是设计服装长度的依据。

“型”：是以 cm 表示的人体净胸围或腰围。其含义同样包含相关联的净臀围、颈围、总肩宽等主要围度、宽度控制部位数值。

（二）体型分类

为了解决成年上、下装配套难的矛盾，从 GB 1335–91 服装号型国家标准制订起，将成年人号型分为 Y、A、B、C 四种体型，并进行合理搭配，四种体型分别根据胸围和腰围的差值范围进行分档（表 1–1）。全国及分地区女子各体型所占的比例如表 1–2 所示。

表1–1 胸围和腰围的差值范围分档表 单位：cm

成人体型分类表（胸腰差=胸围–腰围）		
体型代号	男性胸腰差（B–W）	女性胸腰差（B–W）
Y	22~17	24~19
A	16~12	18~14
B	11~7	13~9
C	6~2	8~4

Y 型是胸围大、腰围小的体型，称运动体型；A 型是胖瘦适中的标准体型；B 型是胸围丰满、腰围微粗的体型，也称丰满型；C 型是腰围较粗的较胖体型（胸围丰满）。

表1–2 全国及分地区女子各体型所占的比例 单位：%

体型 地区	Y	A	B	C	不属于所列4种体型
华北、东北	15.15	47.61	32.22	4.47	0.55
中西部	17.50	46.79	30.34	4.52	0.85
长江下游	16.23	39.96	33.18	8.78	1.85
长江中游	13.93	46.48	33.89	5.17	0.53
两广、福建	9.27	38.24	40.67	10.86	0.96
云、贵、川	15.75	43.41	33.12	6.66	1.06
全国	14.82	44.13	33.72	6.45	0.88

（三）号型标志

服装号型的标志：号与型之间用斜线分开，后接体型分类代号。例：女 160/84A，其中

160表示人体身高160cm，84表示净体胸围为84cm，A为体型代号，表示胸围减腰围的差数（女子为18~14cm）。

市场上销售的服装商品必须标明按体型分类的号型。套装中的上、下装必须分别标明号型，而连衣裙的号型通常以上装的形式标示。在服装结构设计制图的成品规格中，也必须先标明该品种、款式是什么体型和号型，才能正确地进行结构设计及制图、制板和推板。

（四）中间体及控制部位

中间体是指在大量实测的成人人体数据总数中占有最大比例的体型数值。国家号型标准中设置的中间体具有较广泛的代表性，是指全国范围而言，各地区的情况会有差别，所以，对中间体号型的设置应根据各地区的不同情况及产品的销售方向而定，不宜照搬，但规定的系列不能变。我们在设计服装规格时必须以中间体为中心，按一定分档数值，在参照成人中间体尺寸表1–3的设置范围内向上下、左右推档组成规格系列。

表1–3 成人中间体尺寸表 单位：cm

<table>
<tr><th rowspan="2">部位</th><th colspan="4">女子</th><th colspan="4">档差</th></tr>
<tr><th>Y</th><th>A</th><th>B</th><th>C</th><th colspan="2">5.4</th><th colspan="2">5.2</th></tr>
<tr><td>身高</td><td>160</td><td>160</td><td>160</td><td>160</td><td colspan="2">5</td><td colspan="2">5</td></tr>
<tr><td>颈椎点高</td><td>136</td><td>136</td><td>136.5</td><td>136.5</td><td colspan="2">4</td><td colspan="2">4</td></tr>
<tr><td>坐姿颈椎点高</td><td>62.5</td><td>62.5</td><td>62.5</td><td>62.5</td><td colspan="2">2</td><td colspan="2">2</td></tr>
<tr><td>全臂长</td><td>50.5</td><td>50.5</td><td>50.5</td><td>50.5</td><td colspan="2">1.5</td><td colspan="2">1.5</td></tr>
<tr><td>腰围高</td><td>98</td><td>98</td><td>98</td><td>98</td><td colspan="2">3</td><td colspan="2">3</td></tr>
<tr><td>胸围</td><td>84</td><td>84</td><td>88</td><td>88</td><td colspan="2">4</td><td colspan="2">2</td></tr>
<tr><td>颈围</td><td>33.4</td><td>33.6</td><td>34.6</td><td>34.8</td><td colspan="2">0.8</td><td colspan="2">0.4</td></tr>
<tr><td>总肩宽</td><td>40</td><td>39.4</td><td>39.8</td><td>39.2</td><td colspan="2">1</td><td colspan="2">0.5</td></tr>
<tr><td>腰围</td><td>64</td><td>68</td><td>78</td><td>82</td><td colspan="2">4</td><td colspan="2">2</td></tr>
<tr><td rowspan="2">臀围</td><td rowspan="2">90</td><td rowspan="2">90</td><td rowspan="2">96</td><td rowspan="2">96</td><td>Y、A</td><td>B、C</td><td>Y、.A</td><td>B、C</td></tr>
<tr><td>3.6</td><td>3.2</td><td>1.8</td><td>1.6</td></tr>
</table>

（五）号型应用

对消费者来说，选购服装前，先要确定自己的体型，然后在某个体型中选择近似的号和型的服装。

每个人的身体实际尺寸有时和服装号型档次并不吻合，如身高167cm，胸围90cm的人，身体尺寸是在165~170号、88~92型之间，因此，需要向接近自己身高、胸围或腰围尺寸的号型靠档。

1. 按身高数值，选用“号”

例如：身高	163~167cm	168~172cm
选用号	165	170

2. 按净体胸围数值，选用上衣的“型”

例如：净体胸围	82~85cm	86~89cm
选用型	84	88

3. 按净体腰围数值，选用下装的“型”

例如：净体腰围	65~66cm	67~68cm
选用型	66	68

二、女性人体与服装号型的比例关系

（一）各控制部位的量体示意图（图1–8）

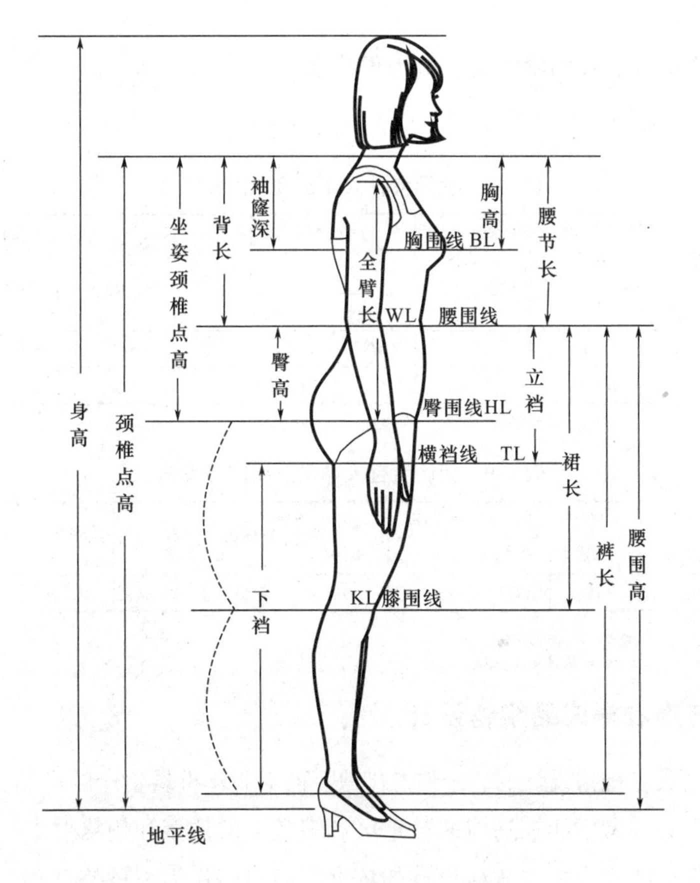

图1–8 各控制部位量体示意图

（二）中间体控制部位的号型计算方法（表1-4）

表1-4　女装中间体尺寸表（160/84A）　　单位：cm

基本尺寸	身高	坐姿颈椎点高（衣长）L	全臂长（袖长）SL	腰围高（裤长）L	胸围（型）B	颈围（领围）N	总肩宽S	腰围W	臀围H
	160	62.5	50.5	98	84	33.6	39.4	68	90
号型计算方法	号	2/5号±X	3/10号±X	3/5号±X	型+松量=B	型×40%	型×46.9%	型×81%	型×107%
参考尺寸	背长	前腰节长WL	胸高BP	股上长（立裆）	腰长（臀高）	头围	腕围（袖口）CW	掌围（袖口）CW	上臂围（袖肥）
	38	41	25	24.5	18	56	16	20	28
号型计算方法	1/4号-2	1/4号+1	1.5/10号+1	号/10+H/10	号/10+2	型×65%	型×20（B/10+4）	型×23.8%（B/10+4）	型×34%（B/5±X）

（三）我国女性人体长度及围度的比例参考值（表1-5、表1-6）

表1-5　我国女性人体长度比例参考值

人体部位	身高	颈长（领高）	BP位（胸高位）	腰节位（腰节长）	全臂长（袖长）		手掌长	腰长（臀高）	下肢长（腰围高或裤长）		
									股上长	股下长	
					上臂长	下臂长				大腿长	小腿长
头长比例	7	1/4	1	5/3	4/3	1	2/3	5/7	6/5	8/5	4/3
身高比例	100%	3.6%	14.3%	24%	19%	14.3%	10%	16%	17.3%	23%	21%

表1-6　我国女性人体围度比例参考值

人体部位	头围	颈围（领围）	上臂围（袖肥）	手腕围	掌围	腋围（袖肥）	下胸围	腰围	臀围	大腿围	全裆围（横裆围）
				（袖口）							
胸围比例	65%	40%	34%	20%	23.8%	30%	91%	81%	107%	66%	77%

三、服装号型与连衣裙成品规格设计

在进行连衣裙成衣规格设计时，由于成衣是一种工业化批量生产的产品，它和“量体裁衣”完全是两种概念，必须考虑能够适应多数地区和多数人的体型和规格要求。个人或部分人的体型和规格要求都不能作为成衣规格设计的依据，而只能作为一种信息和参考。成衣规格设计必须依据具体产品的款式和风格造型等特点要求来进行相应的设计。所以规格设计是反映产品特点的有机组成部分，同一号型的不同产品，可以有多种的规格设计。

（一）服装规格系列设计的原则

（1）中间体不能变，须根据标准文本中已确定的男女各类体型的中间体数值，不能自行更改。

（2）号型系列和分档数值不能变。表 1–7~ 表 1–10 给出了女子各种体型号型系列表，以供规格设计时参考使用。

（3）控制部位数值不能变。控制部位是指在设计服装规格时必须依据的主要部位。长度方面有身高、颈椎点高、坐姿颈椎点高、全臂长、腰围高；围度方面有胸围、腰围、颈围、臀围、总肩宽。服装规格中的衣长、胸围、领围、袖长、总肩宽、腰围、臀围等，就是用控制部位的数值加上不同加放量而制订的。

（4）放松量可以变。放松量可以根据不同品类、款式、面料，季节，地区以及穿着者习惯和流行趋势而变化。

表1–7　$\frac{5\cdot4}{5\cdot2}$ Y号型系列　　单位：cm

Y														
身高 / 腰围 / 胸围	145		150		155		160		165		170		175	
72	50	52	50	52	50	52	50	52						
76	54	56	54	56	54	56	54	56	54	56				
80	58	60	58	60	58	60	58	60	58	60	58	60		
84	62	64	62	64	62	64	62	64	62	64	62	64	62	64
88	66	68	66	68	66	68	66	68	66	68	66	68	66	68
92			70	72	70	72	70	72	70	72	70	72	70	72
96					74	76	74	76	74	76	74	76	74	76

表1–8　$\frac{5\cdot4}{5\cdot2}$ A号型系列　　单位：cm

A																					
身高 / 腰围 / 胸围	145			150			155			160			165			170			175		
72				54	56	58	54	56	58	54	56	58									
76	58	60	62	58	60	62	58	60	62	58	60	62	58	60	62						
80	62	64	66	62	64	66	62	64	66	62	64	66	62	64	66	62	64	66			

续表

A																					
身高 / 腰围 / 胸围	145			150			155			160			165			170			175		
84	66	68	70	66	68	70	66	68	70	66	68	70	66	68	70	66	68	70	66	68	70
88	70	72	74	70	72	74	70	72	74	70	72	74	70	72	74	70	72	74	70	72	74
92				74	76	78	74	76	78	74	76	78	74	76	78	74	76	78	74	76	78
96							78	80	82	78	80	82	78	80	82	78	80	82	78	80	82

表1-9 $\frac{5 \cdot 4}{5 \cdot 2}$B号型系列 单位：cm

B														
身高 / 腰围 / 胸围	145		150		155		160		165		170		175	
68			56	58	56	58	56	58						
72	60	62	60	62	60	62	60	62	60	62				
76	64	66	64	66	64	66	64	66	64	66				
80	68	70	68	70	68	70	68	70	68	70	68	70		
84	72	74	72	74	72	74	72	74	72	74	72	74	72	74
88	76	78	76	78	76	78	76	78	76	78	76	78	76	78
92	80	82	80	82	80	82	80	82	80	82	80	82	80	82
96			84	86	84	86	84	86	84	86	84	86	84	86
100					88	90	88	90	88	90	88	90	88	90
104							92	94	92	94	92	94	92	94

表1-10 $\frac{5 \cdot 4}{5 \cdot 2}$C号型系列 单位：cm

C														
身高 / 腰围 / 胸围	145		150		155		160		165		170		175	
68	60	62	60	62	60	62								
72	64	66	64	66	64	66	64	66						

续表

C														
腰围 身高 胸围	145		150		155		160		165		170		175	
76	68	70	68	70	68	70	68	70						
80	72	74	72	74	72	74	72	74	72	74				
84	76	78	76	78	76	78	76	78	76	78	76	78		
88	80	82	80	82	80	82	80	82	80	82	80	82		
92	84	86	84	86	84	86	84	86	84	86	84	86	84	86
96			88	90	88	90	88	90	88	90	88	90	88	90
100			92	94	92	94	92	94	92	94	92	94	92	94
104					96	98	96	98	96	98	96	98	96	98
							100	102	100	102	100	102	100	102

新标准中给出了女子 4 种体型、不同号型系列的控制部位数值，以供将控制部位数值转化为服装规格时使用，具体各部位数值见表 1-11~ 表 1-14。

表1-11 $\frac{5\cdot 4}{5\cdot 2}$ Y号型系列控制部位数值（女子）

Y														
部位	数值													
身高	145		150		155		160		165		170		175	
颈椎点高	124.0		128.0		132.0		136.0		140.0		144.0		148.0	
坐姿颈椎点高	56.5		58.5		60.5		62.5		64.5		66.5		68.5	
全臂长	46.0		47.5		49.0		50.5		52.0		53.5		55.0	
腰围高	89.0		92.0		95.0		98.0		101.0		104.0		107.0	
胸围	72		76		80		84		88		92		96	
颈围	31.0		31.8		32.6		33.4		34.2		35.0		35.8	
总肩宽	37.0		38.0		39.0		40.0		41.0		42.0		43.0	
腰围	50	52	54	56	58	60	62	64	66	68	70	72	74	76
臀围	77.4	79.2	81.0	82.8	84.6	86.4	88.2	90.0	91.8	93.6	95.4	97.2	99.0	100.8

表1-12 $\frac{5\cdot 4}{5\cdot 2}$ A号型系列控制部位数值（女子）

A																					
部位	数值																				
身高	145			150			155			160			165			170			175		
颈椎点高	124.0			128.0			132.0			136.0			140.0			144.0			148.0		
坐姿颈椎点高	56.5			58.5			60.5			62.5			64.5			66.5			68.5		
全臂长	46.0			47.5			49			50.5			52.0			53.5			55.0		
腰围高	89.0			92.0			95.0			98.0			101.0			104.0			107.0		
胸围	72			76			80			84			88			92			96		
颈围	31.2			32			32.8			33.6			34.4			35.2			36		
总肩宽	36.4			37.4			38.4			39.4			40.4			41.4			42.4		
腰围	54	56	58	58	60	62	62	64	66	66	68	70	70	72	74	74	76	78	78	80	82
臀围	77.4	79.2	81.0	81.0	82.8	84.6	84.6	86.4	88.2	88.2	90.0	91.8	91.8	93.6	95.4	95.4	97.2	99.0	99.0	100.8	102.6

表1-13 $\frac{5\cdot 4}{5\cdot 2}$ B号型系列控制部位数值（女子）

B							
部位	数值						
身高	145	150	155	160	165	170	175
颈椎点高	124.5	128.5	132.5	136.5	140.5	144.5	148.5
坐姿颈椎点高	57.0	59.0	61.0	63.0	65.0	67.0	69.0
全臂长	46.0	47.5	49.0	50.5	52.0	53.5	55.0
腰围高	89.0	92.0	95.0	98.0	101.0	104.0	107.0

部位	数值																			
胸围	68		72		76		80		84		88		92		96		100		104	
颈围	30.6		31.4		32.2		33.0		33.8		34.6		35.4		36.2		37.0		37.8	
总肩宽	34.8		35.8		36.8		37.8		38.8		39.8		40.8		41.8		42.8		43.8	
腰围	56	58	60	62	64	66	68	70	72	74	76	78	80	82	84	86	88	90	92	94
臀围	78.4	80.0	81.6	83.2	84.8	86.4	88.0	89.6	91.2	92.8	94.4	96.0	97.6	99.2	100.8	102.4	104.0	105.6	107.2	108.8

表1-14 $\frac{5\cdot4}{5\cdot2}$ C号型系列控制部位数值（女子）

C

部位	数值						
身高	145	150	155	160	165	170	175
颈椎点高	124.5	128.5	132.5	136.5	140.5	144.5	148.5
坐姿颈椎点高	56.5	58.5	60.5	62.5	64.5	66.5	68.5
全臂长	46.0	47.5	49.0	50.5	52.0	53.5	55.0
腰围高	89.0	92.0	95.0	98.0	101.0	104.0	107.0

部位	数值										
胸围	68	72	76	80	84	88	92	96	100	104	108
颈围	30.8	31.6	32.4	33.2	34.0	34.8	35.6	36.4	37.2	38.0	38.8
总肩宽	34.2	35.2	36.2	37.2	38.2	39.2	40.2	41.2	42.2	43.2	44.2

部位	数值																					
腰围	60	62	64	66	68	70	72	74	76	78	80	82	84	86	88	90	92	94	96	98	100	102
臀围	78.4	80.0	81.6	83.2	84.8	86.4	88.0	89.6	91.2	92.8	94.4	96.0	97.6	99.2	100.8	102.4	104.0	105.6	107.2	108.8	110.4	112.0

（二）连衣裙三围放松量的设计

连衣裙胸围放松量的设计是其他围度控制部位规格设计的依据。胸围、腰围、臀围三围放松量的关系：首先按连衣裙款式造型确定胸围放松量；腰围放松量一般大于或等于胸围放松量（大约 1~2cm），在特殊情况下，如腰部需要很合体的时候，腰围放松量可以和胸围放松量相等或小约 1~2cm；臀围放松量一般小于或等于胸围放松量（小约 2cm）。胸围放松量参考值见表 1-15。

表1-15　连衣裙胸围放松量的设计参考表　　单位：cm

胸围加放尺寸=人体基本活动放松量+内层衣服放松量+服装款式造型放松量			
人体基本活动放松量	内层衣服放松量	服装款式造型放松量	
型×（10%~12%）	2π×内层衣服厚度	紧身型	−4~−6
		合体型	−2~+2
		较合体型	+2~+6
		较宽松型	+6~+10
		宽松型	12以上

（三）连衣裙其他控制部位放松量设计（表1-16）

表1-16　连衣裙其他控制部位放松量设计参考表　　单位：cm

季节 / 款式 / 控制部位	夏季			春秋季节			冬季		
领围（N）	立领		翻领	立领		翻领	立领		翻领
	+2~+3		+3~+5	+5		+6~+8	+8~+10		+10~+12
总肩宽（S）	紧身型	合体型	宽松型	紧身型	合体型	宽松型	紧身型	合体型	宽松型
	−1~−2		+2~+4	+0	+1~+2	+4以上	+1~+2	+2~+4	+6以上
备注	无领、无袖根据款式造型可任意设计								

（四）连衣裙开口围度的设计（表1–17）

表1–17　连衣裙开口的围度最小值参考表　　单位：cm

部位	决定因素	平均最小值
袖口	手掌通过的围度	22
领口	头围	55
裙摆	一般步行时两膝围度（步距为62~67）	短裙在膝上10cm处围度90~98
		中裙在膝中点处围度96~104
		长裙在小腿中段处围度125~135
		超长裙在踝骨处围度138~154

（五）连衣裙人体着装的极限尺寸

1．人体着装极限尺寸概念

极限是在抛开服装款式设计因素的前提下提出来的。是指服装为适应人体生活常态中的运动、穿脱、美观等的需求来考虑的一种松量极限尺寸，并非人体工程学中所指的极限概念，这里强调的生活常态，即强调现实社会中着装效果尺度的把握，该尺度的极限能被正常生活状态接受（不包括反叛类型的服装和着装），不影响着装形式和运动常态的极限尺寸。

2．连衣裙围度极限测量部位及注意事项（非弹性面料）

（1）领围：关门领的领围尺寸是在颈围的基础上加放 2cm 较合适，但极限小时也可采用加放 1cm 的尺寸，如若不加放，直接采用颈围尺寸，穿着时将会使人感到窒息。领围极限大尺寸情况较为复杂，列举几种服装加以分析。

①套头式连衣裙：其一，必须考虑能够将头部从领口处套进和脱出，即要求达到领围不小于头围；其二，必须考虑套头是否会影响发式的固定。

②横开领较大的服装：必须防止领口横开过大，造成衣服从肩部滑落，即横开领总大要小于肩宽。

③直开领较深的服装：必须考虑领开深了是否会使乳房外露，造成不雅。

（2）胸围：

①极限小：一般合体的连衣裙极限小加放量通常仅供人体呼吸的尺寸是 2cm，但还要考虑必要的皮肤伸展量，这样极限小加放量尺寸就不能小于 4cm，即成品服装胸围尺寸 = 人体净胸围尺寸 +4cm。但对于一些裹胸式的露肩连衣裙，为防止穿着时滑落，一般不加放松量，通常其上围的尺寸比人体净胸围小 1~2cm。

②极限大：胸围的极限大加放必须与肩部宽度尺寸的加放成正比。

（3）腰围：

①极限小：连衣裙紧小型腰围尺寸通常就是人体净腰围尺寸，极限小尺寸可比人体净腰围再小 2cm，虽不会对人体产生太大的影响，但穿着时已感不适（古代的紧身胸衣例外）。

②极限大：根据款式变化，连衣裙的腰围没有一个极限大的规格。例如 A 字摆或圆裙式的连衣裙，腰围的大小很难衡量。

（4）臀围：臀围极限大小通常与腰围相配合。臀围极限小尺寸，以坐姿为常态，一般加放 3cm；极限大尺寸不确定，与腰围极限大情况同。

（5）袖窿围：袖窿围≥臂根围。当袖窿围等于臂根围时，有夹紧感，穿着不舒服；当袖窿围大于臂根围时，通常以袖窿深度来衡量，而袖窿深又常因连衣裙的穿着层次变化而变化。

①袖窿深极限浅小时，以没有夹紧感为原则。

②袖窿深极限深时，其一，夏装无袖连衣裙，必须考虑袖窿极限深是否会使胸罩带子露出或乳房侧面外露造成不雅；其二，装袖连衣裙，袖窿深极限大时会产生抬臂有牵拉感和抬臂困难，可以分合体袖和宽松袖进行测试；其三，结构组合中还应考虑袖窿与袖山的配套极限，即袖窿深不低于袖山深 +2cm，袖窿宽不大于袖肥。

（6）袖口（无开衩）：袖口极限小尺寸应考虑能使团状手掌围通过，还应考虑袖口上捋到前臂根部、肘部等尺寸的极限要求。

（7）摆围：不同的裙子长度应考虑不同的摆围，裙摆围度极限是以步行方便为原则，有时因裙造型需要摆围尺寸小于步行围尺寸，则应考虑开衩，开衩长度的极限见后面分析。

（8）胸背宽：与胸围、肩宽成正比，装袖结构的连衣裙，背宽不能小于胸宽。

3. *长度极限测量部位及注意事项*

（1）裙长：

①极限长：裙子后部长度可以很长，可以拖地；而前部长度，则要受到步行方便的条件限制，因此前部极限长度以盖住脚背为合适。

②极限短：极限短时应考虑是否会显露内裤，造成不雅，一般裙子极限短长度在垂臂状态下的中指指尖位比较好。

（2）袖长：长袖以袖口在腕骨突点向下 2cm 为较佳长度，短袖以袖口在上臂上三分之一处为较佳长度。袖子极限长时要以露出五指为适宜，再长一些或更长则不便于生活和工作（水袖除外），在测量确定袖长尺寸时一定要考虑肩宽尺寸带来的影响因素。

（3）开衩长：服装开衩通常有功能性作用，一般是摆围尺寸达不到人体活动、步行等所必要的围度尺寸要求时就采用开衩来弥补。

①极限短：若设计某条裙子开衩极限短尺寸，我们可以通过下面一个公式获得，开衩极限短尺寸 =（步行围 – 裙摆围）/2。同理可获得其他开衩极限短数据的计算方式。

②极限长：侧边可以比前后开衩略高，以不显露内裤为原则。

（4）拉链长：连衣裙侧缝等处装拉链，一定要使拉链开口量加腰围尺寸不小于人体肩部宽围度尺寸或臀围尺寸。

（5）领高：6cm 以上的领高，领口要符合下巴的围度。

4. **连衣裙常用规格设计参考**

连衣裙常用规格设计参考如表 1–18 所示。

表1–18　连衣裙常用规格设计参考表　　单位：cm

<table>
<tr><th rowspan="2">部位
品种</th><th colspan="2">裙长</th><th rowspan="2">胸围</th><th rowspan="2">腰围</th><th rowspan="2">臀围</th></tr>
<tr><th>测量标准</th><th>计算公式</th></tr>
<tr><td>超短裙</td><td>及臀沟</td><td>2/5号+8左右</td><td rowspan="6">合体：净胸围+（2~6）
较合体：净胸围+（6~12）
较宽松：净胸围+（12~18）
宽松：净胸围+（18以上）</td><td rowspan="6">合体：净腰围+（4~8）
较合体：净腰围+（8~14）
较宽松：净腰围+（14~20）
宽松：净腰围+（20以上）</td><td rowspan="6">合体：净臀围+（3~6）
较合体：净臀围+（6~12）
较宽松：净臀围+（12~18）
宽松：净臀围+（18以上）</td></tr>
<tr><td>短裙</td><td>大腿中部</td><td>2/5号+20左右</td></tr>
<tr><td>及膝裙</td><td>齐膝位</td><td>2/5号+30左右</td></tr>
<tr><td>过膝裙</td><td>膝下8~10</td><td>3/5号+10左右</td></tr>
<tr><td>中长裙</td><td>小腿中部</td><td>3/5号+20左右</td></tr>
<tr><td>长裙</td><td>齐足踝</td><td>3/5号+40左右</td></tr>
<tr><td>备注</td><td colspan="5">①各品种规格设计所依据的体型均指正常体型；
②不考虑面料的特殊性，如弹性面料等</td></tr>
</table>

（六）放松量与连衣裙外造型

人体是由三维且无规则自由曲面构成的，具有复杂的体表结构，尤其是在动态下体表变化会更大，放松量就直接影响着连衣裙的造型设计（图 1–9）。人体运动与服装放松量通过测试数据如下[1]。

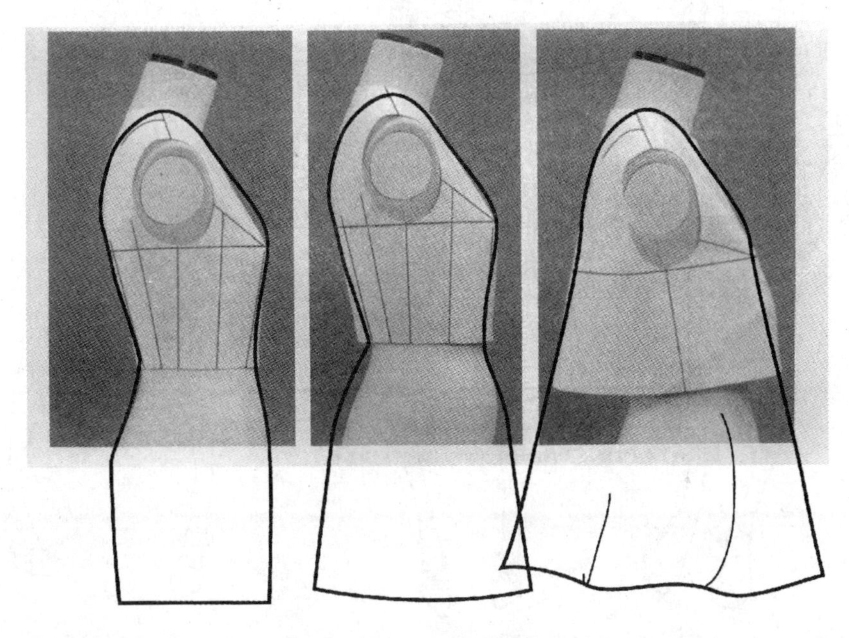

图1–9　放松量与连衣裙外造型

[1] 蒋锡根. 服装结构设计——服装母型裁剪法［M］. 上海：上海科学技术出版社，1994 年 1 月 .p10.

胸部：横向最大伸长率为 12%~14%，纵向最大伸长率为 6%~8%；

背部：横向最大伸长率为 16%~18%，纵向最大伸长率为 20%~22%；

臀部：横向最大伸长率为 12%~14%，纵向最大伸长率为 28%~30%；

肘部：横向最大伸长率为 18%~20%，纵向最大伸长率为 34%~36%；

膝部：横向最大伸长率为 18%~20%，纵向最大伸长率为 38%~40%。

无论哪一部位，其横向表面运动的最大伸长量决定其横向方面服装放松量的最小限度，例如，胸围 90cm，那么胸围横向放松量就是 90×（12%~14%）=4.08~4.76cm，背宽 34cm，横向放松量则为 90×（16%~18%）=5.44~6.12cm，由此可以得出所有部位的最小放松量。然而，影响连衣裙放松量加放的因素要比其他服装的放松量要大，由于连衣裙是上下连属，所以腰节的变化要和款式结合起来，不能简单地套用紧身款式的腰围，恰当处理就能得到理想的款式。图 1-9 是在紧身、半紧身和松身原型基础上扩展的款式示意图，三款肩部的结构基本相同，胸腰线下的放松量变化形成了三种不同造型的款式。图 1-10 是三款 A 字型连衣裙，款式（a）是下摆加大放松量形成褶皱飘逸的感觉；款式（b）腰节线下加放松量形成小 A 字造型的款式，款式（c）腰节线下加放松量，比款式（b）的放松量大，形成腰线下的 A 字裙。

图1-10　A字造型的连衣裙

放松量是一个变量，在满足了人体运动所需的最小量后，还要根据服装造型来增加或减少变化量。此外，影响放松量的还有面料本身，现代技术的应用，许多面料自身带有弹力，有时放松量会是负值，比净尺寸还要小，这些因素就要根据款式和面料本身来决定。

（七）胸腰省与连衣裙内结构造型

连衣裙胸腰省处理和其他上衣不同的是要考虑上下连体，合体连衣裙下摆的起翘量也要随省道的转移而变化，腰节线以上做省转移时也要考虑对下摆的关联。在一些款式中胸腰省最好能和造型线位置重叠，从而省道会在造型线中消化，这样的设计也是最佳的造型设计，下面是胸腰省转化的几个特例。

1. 省转化为褶裥

图 1-11 中省转移消化在褶裥中的例子，（a）款在裁开的地方把省转移消化，（b）款在领口处消化省。图 1-11（c）着装款是在胸线下开刀，把省转移为褶裥，再配上有垂褶的袖子和长裙摆，显得飘逸洒脱。

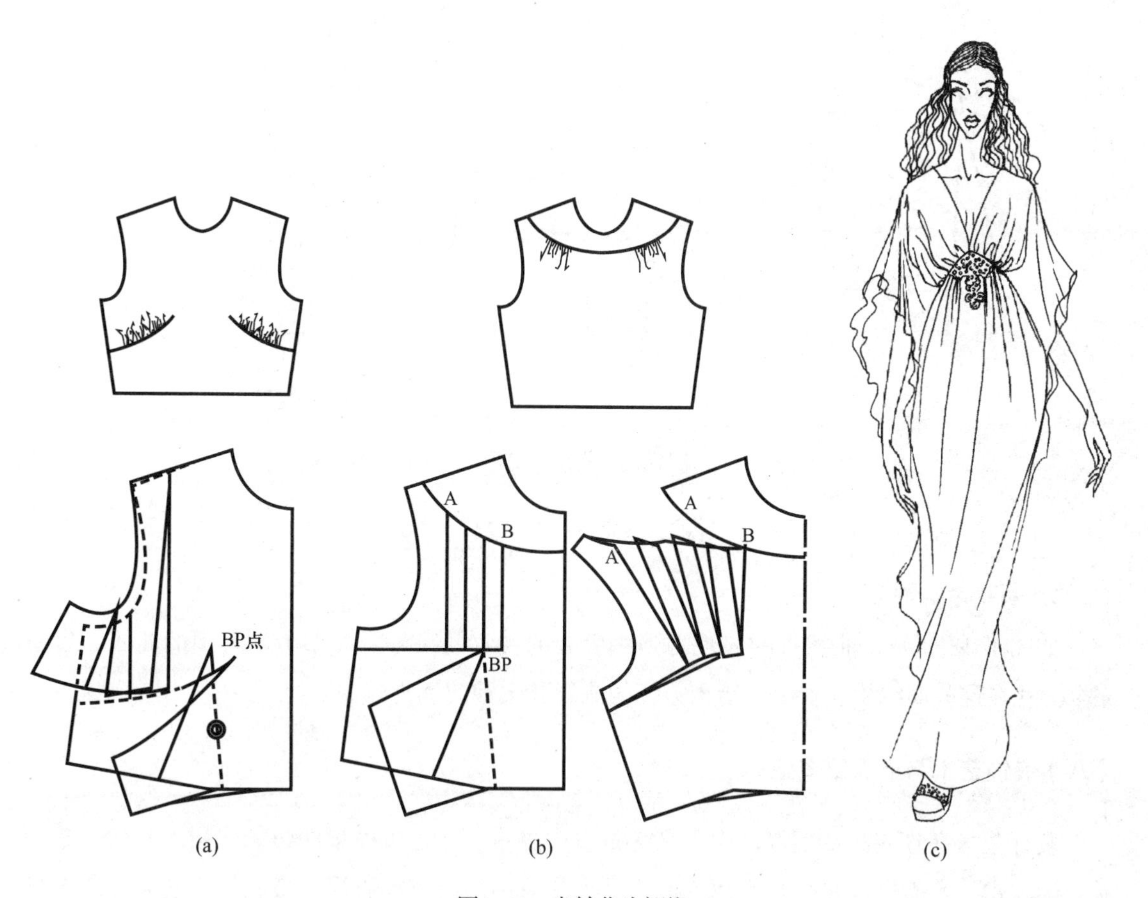

图1-11　省转化为褶裥

2. 省融入分割线

省道和分割线合二为一，兼顾造型线和结构线，使裙身干练且廓型明显，如果再加一些褶，就会有另一种风格（图1–12）。

图1–12 省融入分割线

3. 曲线省转移

如图1–13所示，曲线省的表现力强，服装的视觉效果好，如参考款式中的曲线，省道完全消化在这些曲线褶和省中，给人舒畅的流线和柔和的感觉。

（八）装饰艺术与连衣裙造型

装饰艺术在连衣裙造型设计中历来都是重中之重，在远古简单的包缠式裙衣时代，装饰就先于款式，人类进入文明时代，装饰艺术更是应用广泛。连衣裙是最容易表现装饰艺术的款式，如文艺复兴时期蕾丝面料衣裙，配以珍珠和刺绣装饰，使连衣裙达到了辉煌时期；唐代的华服以及清末的旗袍裙，无不是装饰胜于款式。

图1-13　曲线省效果

连衣裙就装饰手法可分为立体装饰和平面装饰两大类。图 1-14 是以玫瑰花为设计元素的连衣裙，腰节上用立体花蕾拼接而成，腰节下用轻柔的纱层叠悬垂，是晚礼服理想的款式。图 1-15 是以钉珠刺绣工艺装饰为主的一款连衣裙，臀线以上用钉珠刺绣工艺，下摆采用不对称裁剪，走动时裙摆随意摆动，婀娜多姿。图 1-16 是宽松手绘装饰连衣裙，着重在于图案装饰和面料质感的表现，使穿着者能融入自然，怡然自得。图 1-17 是采用钩编工艺的连衣裙，钩编工艺本来就凝结了工艺人的创意和劳动，再加上这种工艺的独特装饰性，会使连衣裙在穿着时表现丰富，形成层叠效果，由于钩编连衣裙每件都是手工织成，所以创意更随意，裙摆大小可根据实际效果调整。

近几年来牛仔裙在时尚品牌中占的比例越来越大，这与牛仔连衣裙的可塑性有关，牛仔连衣裙可用很多装饰工艺，其中最主要的装饰工艺就是水洗工艺，这是牛仔类服装特有的效果，洗水后连衣裙会形成多种效果，如冰花效果、激光效果、磨破效果、套色效果等；其次，牛仔连衣裙还可采用撞色装饰线缝制，形成独特的装饰效果；另外，烫珠、铆钉、金属扣装饰也是牛仔风格的主要装饰手法，很符合近年来金属感流行效果。

图1-14 以玫瑰花为设计元素

图1-15 钉珠刺绣工艺

图1-16 宽松式手绘装饰

图1-17 手钩编织工艺

第四节　连衣裙立体裁剪的工具、人台的修正和标示线的标定

一、立体裁剪的工具与材料

立体裁剪中人体模型、布料、剪刀、大头针是最基本的材料和工具。除此之外，还有手臂模型、打板及缝纫用具等。

（一）人体模型

人体模型是人体的替代物（简称人台），是立体裁剪最主要的工具之一。其规格、尺寸、质量都应基本符合真实人体的各种要素，人体模型的标准比例是否准确，将直接影响在立体裁剪中设计服装成品的质量。

目前所常用人体模型大致按用途可分三类：立体裁剪用、成品检验用和服装展示用。立体裁剪使用的模型是将人体体型特点进行了一定程度的柔化和美化，使之更适合服装的审美和造型的需要。其内部一般用泡沫材料充填，外部以棉质或麻质面料包裹。按长度分，有全身模型、2/3 身模型、半身模型等；根据性别与年龄分为三种：女装用模型、男装用模型、童装用模型。女装用模型的特征是胸、腰、臀尺寸成一定比例，外形起伏，造型优美，具有女性体型的代表性并覆盖大多数女性体型特征尺寸比例。

立体裁剪模型又分为裸体人体模型和工业人体模型两种。裸体人体模型基本是按照人体的比例和裸体形态仿造出的人体模型，适用于内衣、礼服等不同款式的服装造型和裁剪。工业用人体模型是在裸体人体模型的基础上，在一些适当部位施加了人体所需要的放松尺寸，由固定的规格号型构成的工业生产用的人体模型，适合于外套生产和较宽松的服装造型设计。

（二）手臂模型

手臂与人体模型一样是立体裁剪不可缺少的工具，手臂模型是仿人体手臂的形状而制作的。最外层用布料包裹，内部用棉花充填（一只手臂约用150克棉花）。手臂模型可以自由拆卸，在设计需要时，装上手臂模型，使人体模型更符合真实的人体。为了便于大家制作，附手臂模型结构制作图（图 1–18）。

（三）其他用具和材料

①布料：立体裁剪是用布料直接在人台上模拟造型的。一般很少直接用实际的布料进行

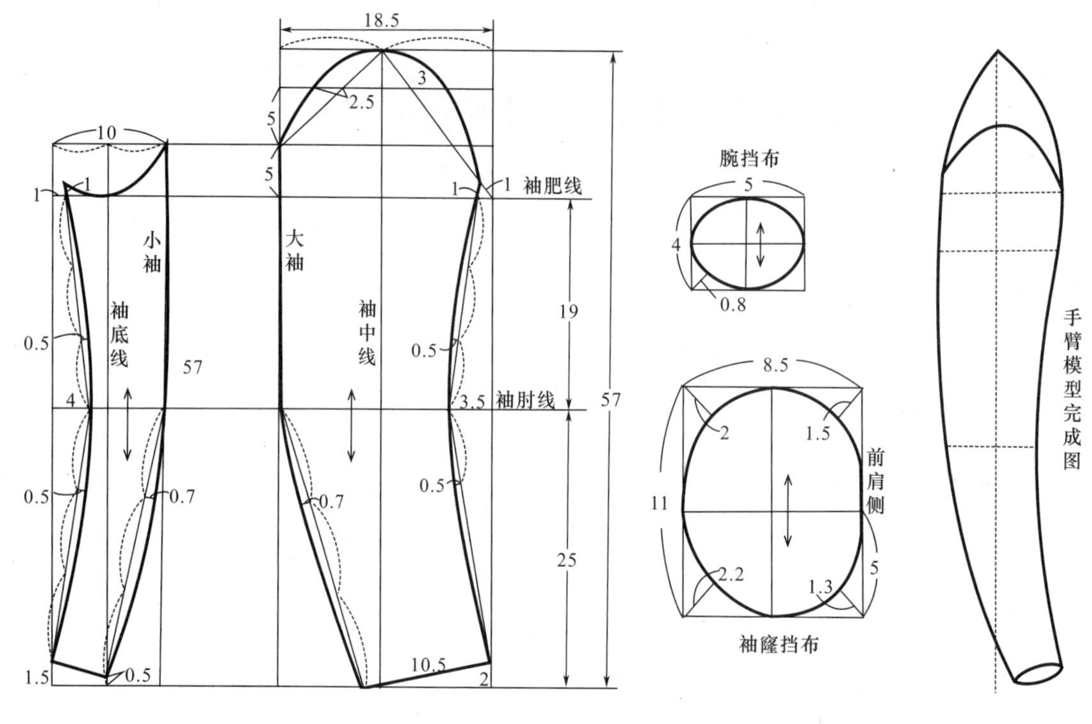

图1-18　手臂模型制作图

立体造型（特殊面料除外），而是根据服装款式及实际面料选择不同厚度的平纹白坯布或麻质坯布。因平纹布料具有布纹清楚可见的优点，使用起来非常方便。薄棉布适宜软料的立体裁剪，厚棉布作大衣、套装的立体裁剪效果较好。

②棉花：棉花或膨松棉用于手臂模型的制作，还可以用来调整或补正人体模型，以满足服装造型的需要。

③大头针：大头针是立体裁剪操作过程中的重要工具之一，充当着缝纫针和线的角色。因为细而尖的大头针摩擦力小，易于针刺，故为首选。塑料珠头的大头针虽然细而尖，但由于头部较大，颜色各异，会影响和干扰操作者的视线，一般不宜使用。

④针包：针包是为了插大头针挂在手腕上使用的，形状近似圆形。一般采用丝绒、绸缎面料缝制为佳，内部用毛发或腈纶棉填充。

⑤剪刀：立体裁剪中的裁布剪刀，一种是裁衣剪刀，用来剪衣料（适用 9 号、10 号、11 号）；另一种是小剪刀，也叫镊剪，使用方便灵活，用来打剪口、剪断纱线。

⑥色带：在立体裁剪之前，用较醒目的黑、白或红色标线（丝带或胶带），标出人体模型的主要结构线。在款式操作中，用来作标记线。

⑦记号笔（或画粉）：在人体模型上做好造型之后，用记号笔（或画粉）作标记，其标记作为平面纸样的依据。

⑧滚轮：用于将布样子拷贝到纸上。

⑨蛇形尺：用于测量袖窿、袖山等曲线的长度。

⑩袖窿尺：是专用尺，用于绘制袖窿曲线与袖山曲线。

⑪软尺：用于测量各部位的尺寸。

⑫直尺：用于绘制直线及图形等。

⑬熨斗：烫平布料、扣烫缝份及整理等用途。

⑭牛皮纸：用于制作服装样板。

⑮针与线：用于假缝试穿、缩缝等。

二、人体模型的选择、标记与补正

（一）人体模型的选择

人体模型主要部位尺寸有胸围、腰围、臀围、背长，那么对人体测量也要注意这四个部位的尺寸。若量体所得尺寸正好与人体模型的尺寸相一致，选用模型就比较简单了，但实际上这两者之间往往存在一些差异，这时选用人体模型时就要首先考虑胸围尺寸，以胸围尺寸为基准，选用适当的模型；如果量体所得胸围尺寸介于两个模型的尺寸之间，则应考虑腰围和臀围尺寸与所测量尺寸较接近的人体模型。

（二）人体模型基准线的标记

1. 放置人体模型的要领及标记材料的选择

标记前先将模型放在与地面保持水平状态的地方，使模型不倾斜、不晃动，以人体模型肩部的高度与设计使用者的眼睛平齐为宜。再选择与模型色彩反差较大的色带或单面胶带，如：白色的人体模型用黑色色带或红色色带，黑色模型用白色色带等。同时也可以借助一些辅助工具，如：小铅锤或重物、丁字尺等。

2. 人体模型基准线标记的部位与方法

（1）人体模型躯干部的标记

人体模型躯干部基准线的标记顺序一般依次为：前中心线、后中心线、胸围线、腰围线、臀围线、颈围线、肩线、侧缝线、前后公主线等。

① 前中心线的标记：自前颈中心点固定垂线的一端，并向下拉一直线（可在垂线上系一重物，使直线与地面垂直），当确认垂线不偏斜后，在偏离垂线 0.15cm 处（有助于黏贴标记带）用大头针间隔定位［图 1–19（a）］；沿着大头针的定位将标记带黏贴在人体模型的表面，完成前中心线的标记［图 1–19（b）］。标记完成后需要远距离观察，保证前中心的垂直，如不垂直，则需要作适当的调整。

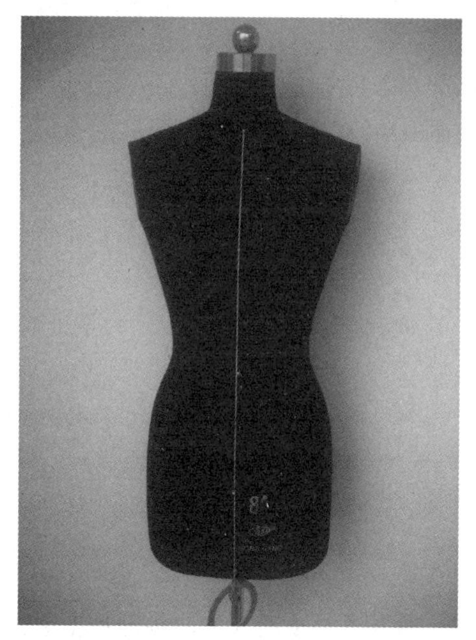

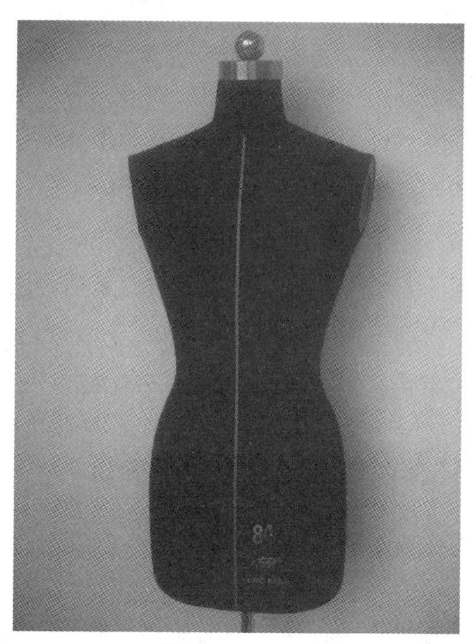

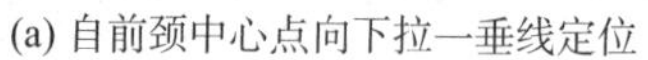

(a) 自前颈中心点向下拉一垂线定位

(b) 前中心线标记完成图

图1–19　前中心线标记

② 后中心线的标记：标记方法与前中心线相同（图 1–20）。当前、后中心线标记后，要用软尺在胸部、腰部、臀部测量一下左右两侧之间的距离是否相等。若有差距应调至相同为止。

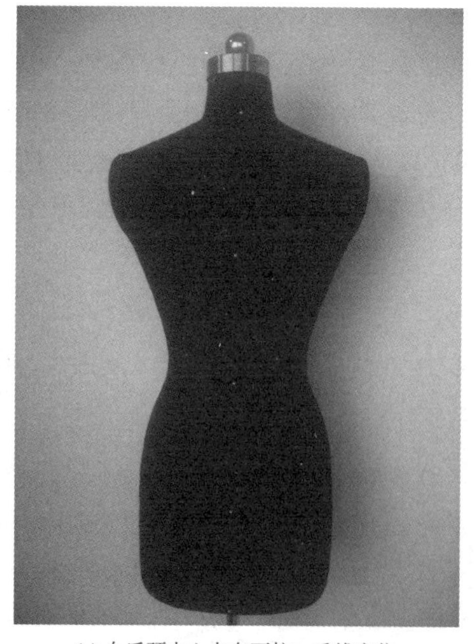

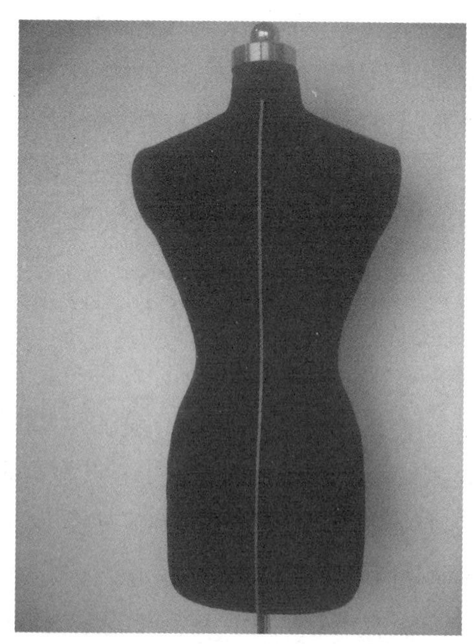

(a) 自后颈中心点向下拉一垂线定位

(b) 后中心线标记完成图

图1–20　后中心线标记

③胸围线的标记：胸围线是胸部最高的位置。为了保证胸围线与地面平行，可依照 BP 到地面的垂直距离环绕一周定点作标记，然后把各点连接起来（图 1–21）。

④ 腰围线的标记：腰围线在腰部最细处粘贴，并与地面或胸围保持平行（图 1–22）。

⑤ 臀围线的标记：臀围线在臀部最丰满的部位粘贴，距腰围线 18~20cm 且保持与地面平行（图 1–23）。

⑥侧缝线的标记：在人体模型上分别找出胸、腰、臀三围线上前、后中心线之间的中点，向后偏移 0.7~1cm 定位，然后用标识带沿着大头针的定位固定在人台上（图 1–24）。

图1–21 胸围线贴标记

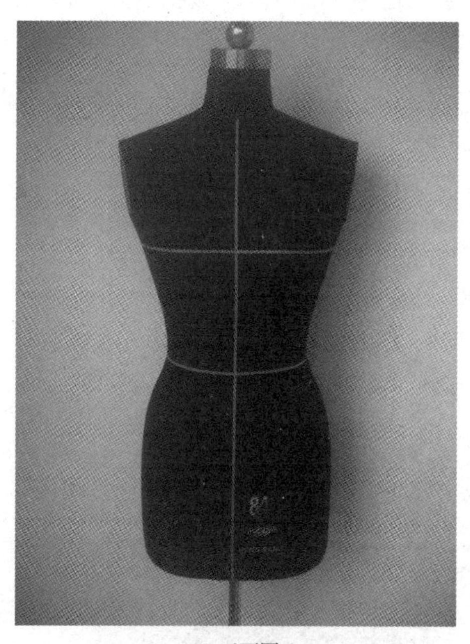

(a) 正面图

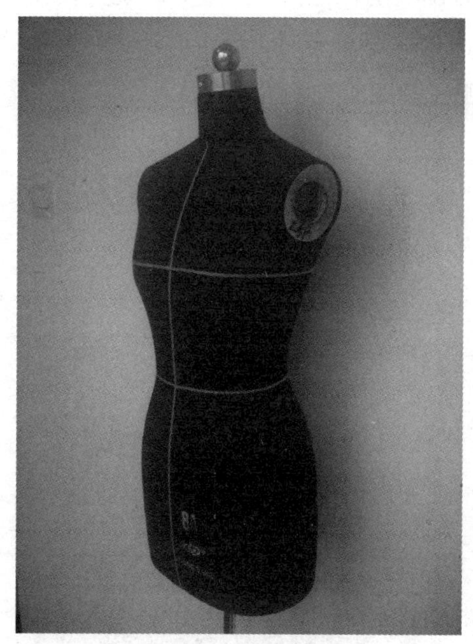

(b) 半侧面图

图1–22 腰围线标记

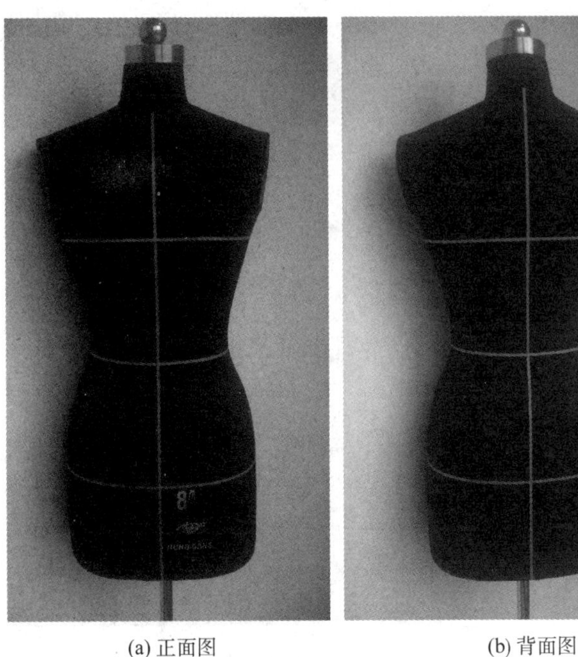

(a) 正面图　　(b) 背面图

图1-23　臀围线标记

图1-24　侧缝线标记

⑦颈围线的标记：颈围线为环绕人体模型颈根处的基准线。一般胸围 84cm 的模型颈围约 38cm。黏贴标识带时，前中心点约在人台的前中领口线下 0.7~1cm 处，按前、后中心点将该线黏贴成圆顺曲线（图 1-25）。

(a) 正面图

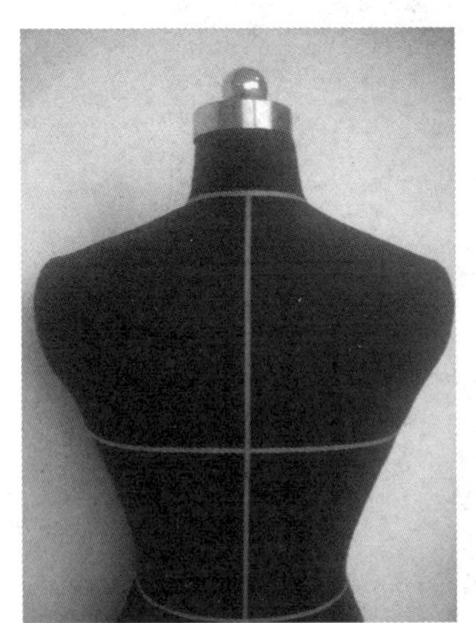

(b) 背面图

图1-25　颈围线标记

⑧ 肩线的标记：先在模型的侧面确定肩颈点的位置，一般为颈部厚度的中心略向后一点，再确定肩端点，即肩部厚度的中心点，两点连直线，用标记带固定（图 1-26）。

⑨ 袖窿弧线的标记：沿人体臂根围一周，臂根底部在人体胸围线上 2.5cm 处，用标识带黏贴圆顺（图 1–27）。

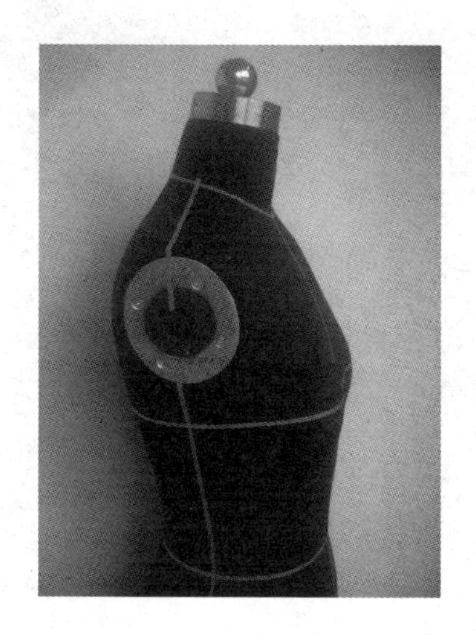

图1–26　颈围线标记

图1–27　袖窿弧线标记

⑩ 前、后公主线的标记：自前、后小肩宽的中点，前片经过 BP，后片经过肩胛骨，向下作出优美的曲线（一般在胸围线到腰围线处略收，腰围线到臀围线处略张），并要保持其自然、均衡的线条（图 1–28）。标记时一般先贴模型左半身，再贴右半身，对称量取，完成模型基准线的标记（图 1–29）。

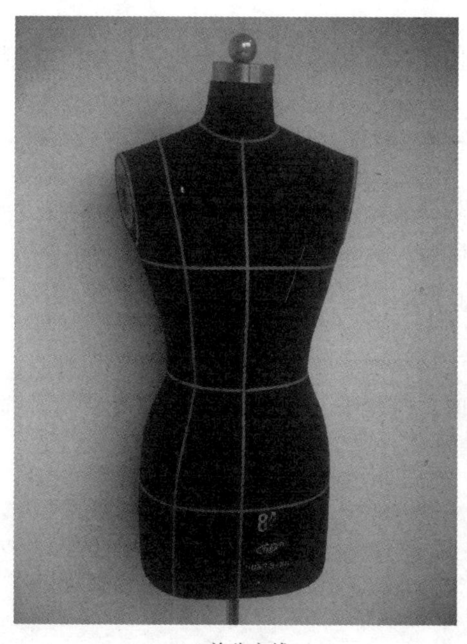

(a) 前公主线

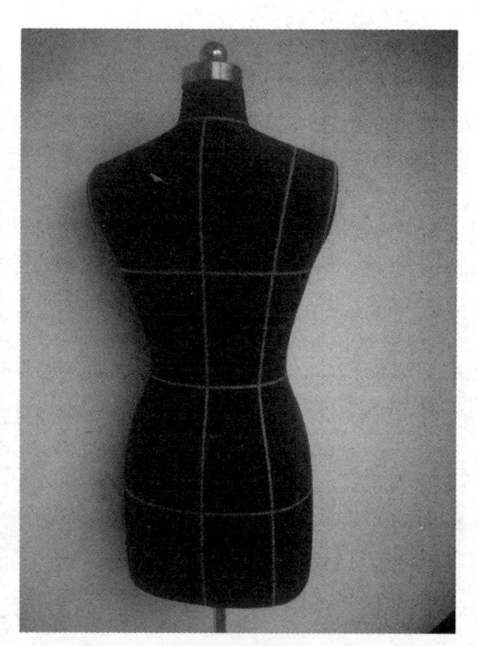

(b) 后公主线

图1–28　公主线标记

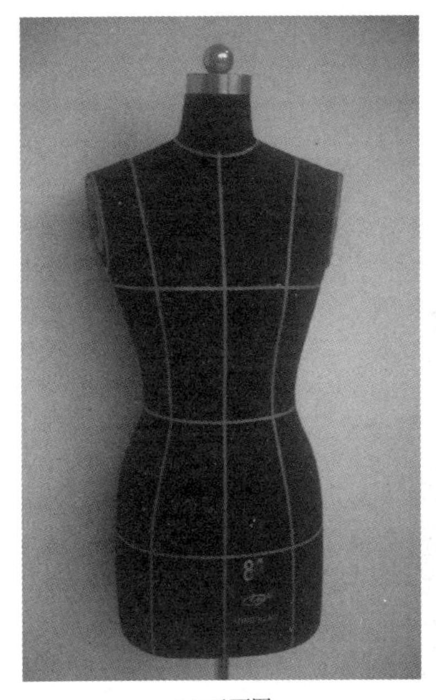

(a) 正面图

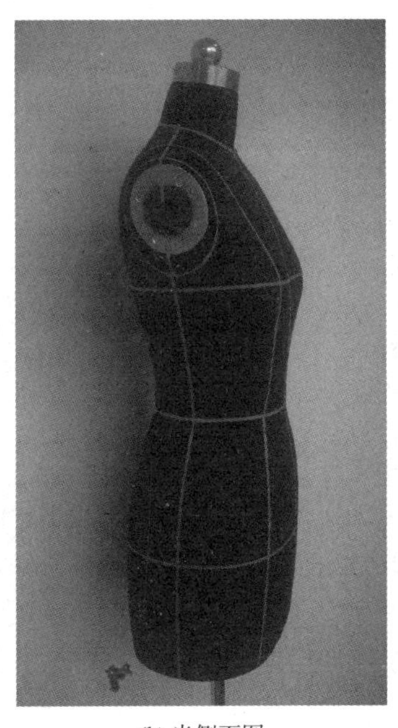

(b) 半侧面图

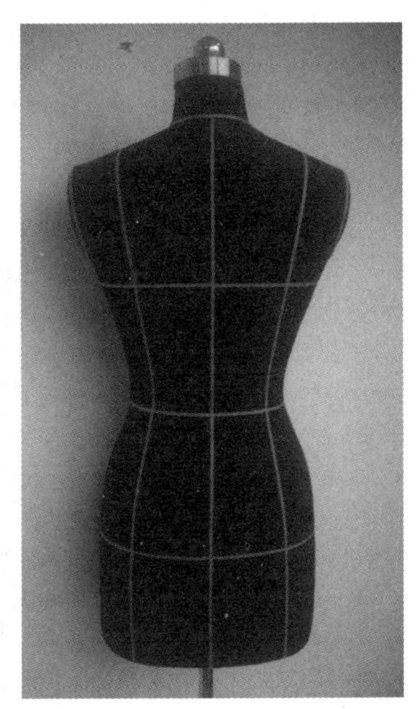

(c) 背面图

图1-29　公主线的标记完成图

基准线全部标记后，要从正面、侧面、背面进行整体的观察，并调整不理想的地方，直至满意为止。

（2）人体模型下肢部分的标记

人体模型下肢部分基准线的标记部位有：腰围线、臀围线、前裆线、后裆线、侧缝线、前后挺缝线等。标记方法在此不赘述。

3. 人体模型的补正

由于人体模型是理想化的形状，凝聚人体共性特征，但缺乏人体所具有的个性差异。所以在实际运用时，还要根据个人体型及流行趋势对人体模型作必要的补正。补正方法只能添加，即用棉花做成所需要的形状，然后再用布覆盖在上面，固定好模特的形态即可。

（1）胸部补正

用棉花把胸部对称地垫起，并用布覆盖上面。胸垫的边缘要逐渐变薄，避免出现接痕。胸部补正也可用胸罩替代。

（2）肩部补正

肩部的补正可以用垫肩把模型的肩部垫起。随着我国服装辅料的不断开发，已经生产出各种形状（圆形、球形等）、各种厚度的垫肩，要根据肩部造型和面料薄厚而选择。

（3）腰部补正

由于我们采用的是裸体模型，在制作外套、大衣时为减少模型的起伏量，须将腰部垫起，使腰围尺寸变大。可使用长条布缠绕一定的厚度，然后加以固定。

（4）臀部补正

不要单纯考虑臀部的特点，要结合腰部形状塑型。为了美观起见，臀凸部位应比实际臀位略高一些。

第二章　休闲类连衣裙

休闲类连衣裙造型和时代的潮流趋势紧紧相连，是活化于当下时代的连衣裙类型中的典型服类。随着社会工业化和城市化程度的推进，休闲生活方式越来越被当作时尚而受到推崇，与此生活方式相配套的连衣裙也带着特有的风格，随意却个性，创意却端庄，简洁却妩媚，可满足女性在休闲娱乐，或者非正式场合时穿着，是现代时尚女装里的主流款式。

休闲类连衣裙可分为两大类，一类是紧跟时尚潮流的时装休闲型连衣裙，另一类是与民族文化相关的民俗休闲型连衣裙。

时装休闲型连衣裙是第一次世界大战后逐渐形成的，此时女权运动兴起，女性纷纷走出家门参加社会活动，生活方式发生了翻天覆地的变化，新女性的长裙逐渐变短，僵硬的裙撑消失，连衣裙也成为时尚款式。1947 年迪奥的“新风貌”（New Look）推出更是推波助澜，迪奥的时装具有鲜明的风格：裙长不再曳地，强调女性隆胸丰臀、腰肢纤细、肩形柔美的曲线，打破了战后女装保守古板的线条[1]。另一位让连衣裙时装化的大师是英国设计师玛丽·奎恩特（Mary Quant），1965 年，玛丽·奎恩特将女套衫加长 6 英寸（约 15 厘米）成为连衣裙，造成轰动一时的“迷你风貌”时尚。在她身体力行的带动下，迷你风时尚刮遍全球。裙下摆提升到前所未有的高度，是人类集体向传统挑战的佐证。正如 A. 布莱克和 M. 加兰德教授在他们的《时装历史》一书中所说：“伴随着玛丽·奎恩特在伦敦英王大道上的‘巴萨’百货店开业，时装史上一个始料未及的崭新一页开始了。”玛丽·奎恩特主张服装应该舒适、有趣和性感，推崇“长腿的现代女郎”，连衣裙在这个时期的时尚演变中扮演了重要的角色。在随后的半个世纪中，时装休闲型连衣裙总是呈现出多款式、多风格、多细节的特点，如从款式造型上有吊带式连衣裙、悬垂褶式连衣裙、不对称式连衣裙和迷你连衣裙等，裙的长短和轮廓造型均是根据潮流而变。

民俗休闲型连衣裙则是在设计时汲取了各民族的文化元素，将鲜明的民族元素时尚化，将传统的工艺活化于大工业时代，形成了具有文化性、舒适性、时尚感的特点。如手绘宽松式连衣裙采用了中国丝绸图案的设计与制作工艺，可以随意根据设计师的构思，采集自然界中任何灵感源设计图案，手工绘制而成，随着现代数码印花技术的发展，仿真印花也能达到手工绘制的效果，使该类型的连衣裙时尚度大大提高。中国刺绣装饰连衣裙则传承几千年中国刺绣工艺手工制作，也可以用现代化机器机绣，现代刺绣连衣裙采用各种面料设计加工，带着浓厚的民族文化成为

[1] 百度百科 .[OL].[2010-2-5].http://baike.baidu.com/view/14440.htm

时装领域中的重要一员。钩织式连衣裙也可以采用机织方法，使这种传统工艺元素绽开新枝。

第一节　休闲类连衣裙典型款式

一、时装休闲型连衣裙典型款式

（一）著名设计师和品牌时装休闲型连衣裙实例

时装休闲型连衣裙在当今品牌产品构成中已成为主打产品，无论春夏秋冬都有连衣裙作为搭配的款式。

图 2-1、图 2-2 所示是法国著名品牌蔻伊（Chloé）在巴黎时装周上发布的两款 2013 春

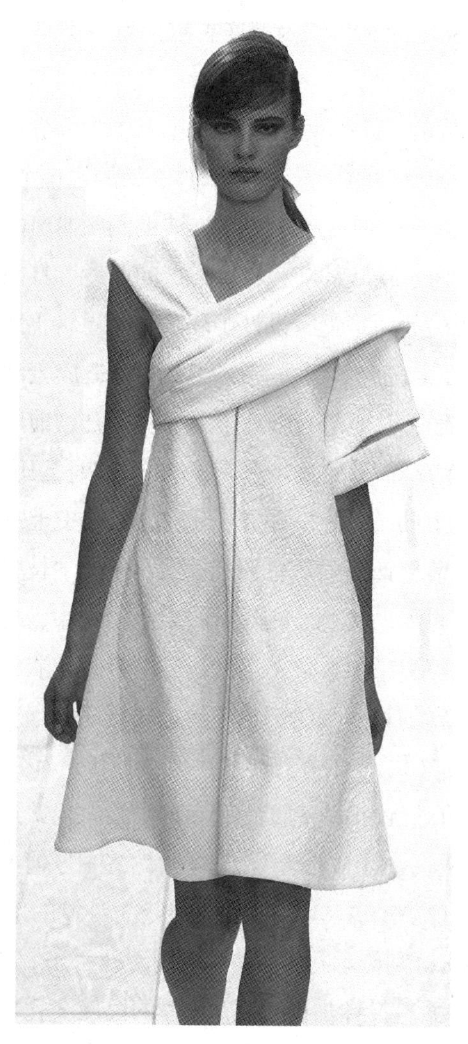

图2-1　蔻依2013年春夏（Chloé -S/S2013）不对称式连衣裙

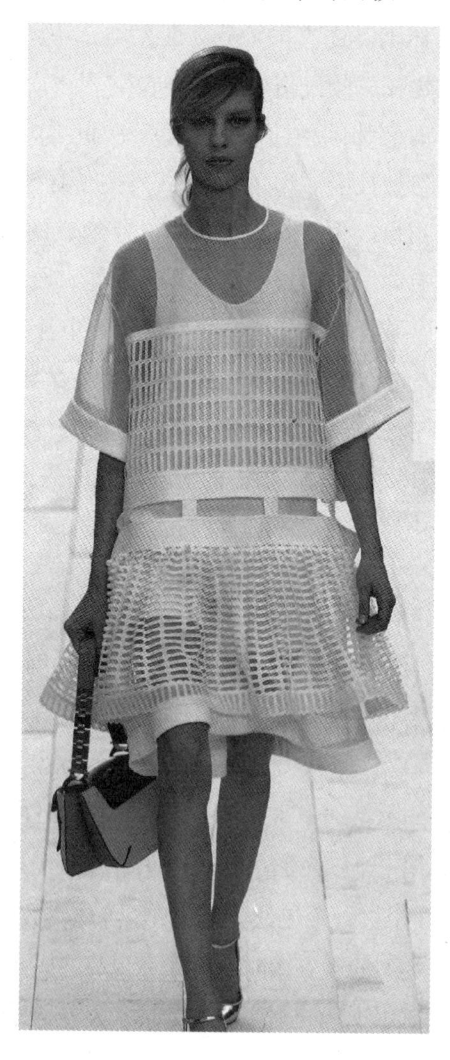

图2-2　蔻依2013年春夏（Chloé -S/S2013）镂空式连衣裙

夏连衣裙，图 2-1 为肩部不对称式小 A 字连衣裙，该款式选择白色面料，设计重点在肩部，采用单肩不对称的表现手法，打破了面料的单调色彩，突出重点。图 2-2 为镂空式连衣裙，透明混搭面料上采用大胆的单色，带来了清新现代的感觉。用激光切割技术形成镂空面料，是传统的镂空技法现代手法的表现，与透明面料配合，构成半透明设计、通透、多层，宽大的廓型冲淡了女性化透明薄织物的层次感，营造出两性相遇产生的交相辉映感觉。

图 2-3 是玛丽·卡特兰佐（Mary Katrantzou）推出的 2014-2015 秋冬连衣裙款式，不对称裙摆延续了流行势头，在过去几个季度中从高低裙摆演进为手工工艺裙摆。玛丽·卡特兰佐此款连衣裙以建筑感折角和折叠令不对称裙摆呈现新意，右片采用层叠造型产生立体雕塑感，打造出立体效果。另一种不对称式连衣裙结合吊带设计造型，一侧裙摆比另一侧裙摆短，阐释出连衣裙的魅力和趣味效果，如在艾克妮（Acne Studios）推出的 2014-2015 秋冬时装秀上所见的款式（图 2-4），利用羊绒面料的表面肌理效果，不对称分割裁剪，把腰省消化在设计线内，形成自然的裙摆，单一的驼色面料与丰富的结构变化相结合，达到了较好的视觉效果。图 2-5 是亚当·利普斯（Adam Lippes）在纽约时装周上推出的 2014 初夏连衣裙，此款用蕾丝面料传递简洁的奢华风格，肩部设计合体，胸线以下任由面料自然悬垂而成褶皱，呈现飘逸洒脱之风，体现了女性的高贵、妩媚的感觉，但穿着起来舒适、休闲。

图2-3 玛丽·卡特兰佐2014年秋冬（Mary Katrantzou - A/W2014）不对称式连衣裙（图片来源：WGSN资讯网站）

图 2-6 中的四个款式是亚当·利普斯在纽约时装周上推出的 2015 初夏度假休闲系列连衣裙款式，此系列诠释的是休闲、简约、时尚的特点，把运动服和家居服的特点融入时尚设计之中，为连衣裙的穿着场合开辟新径。

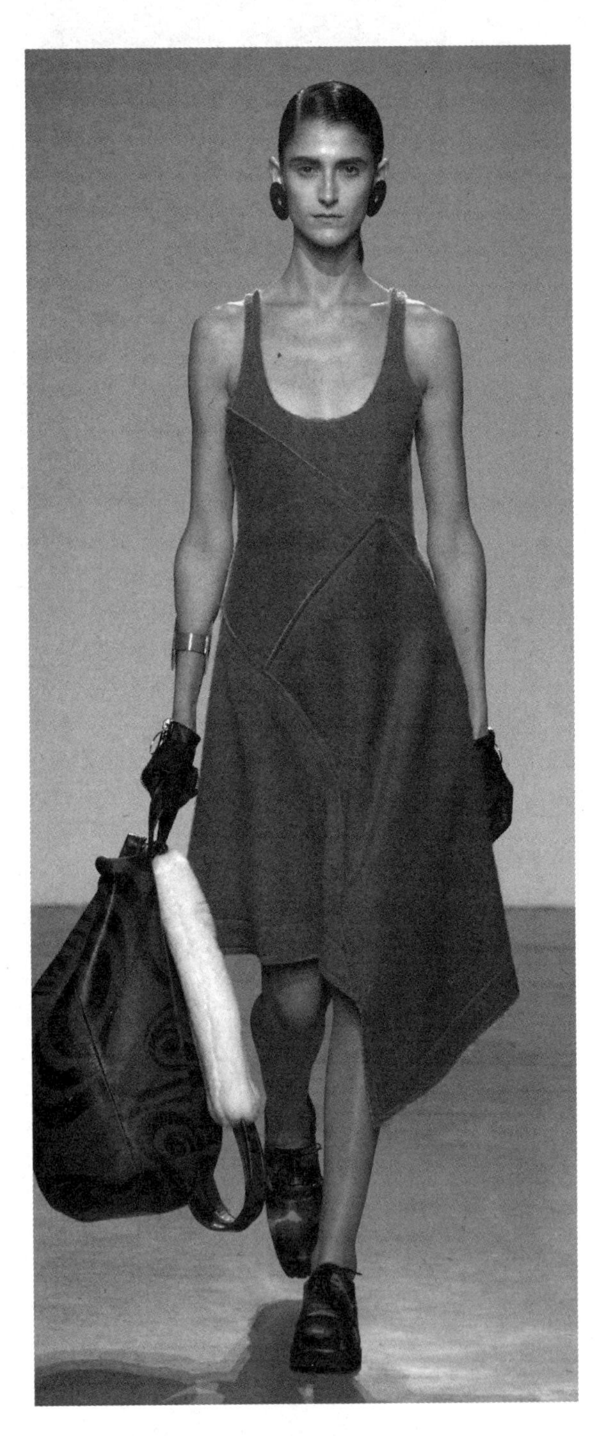

图2-4 艾克妮2014-2015年秋冬（Acne Studios-A/W2014-2015）不对称连衣裙

图2-5 亚当·利普斯2014年（Adam Lippes-2014）垂悬式连衣裙

（图片来源：WGSN世界时尚资讯网）

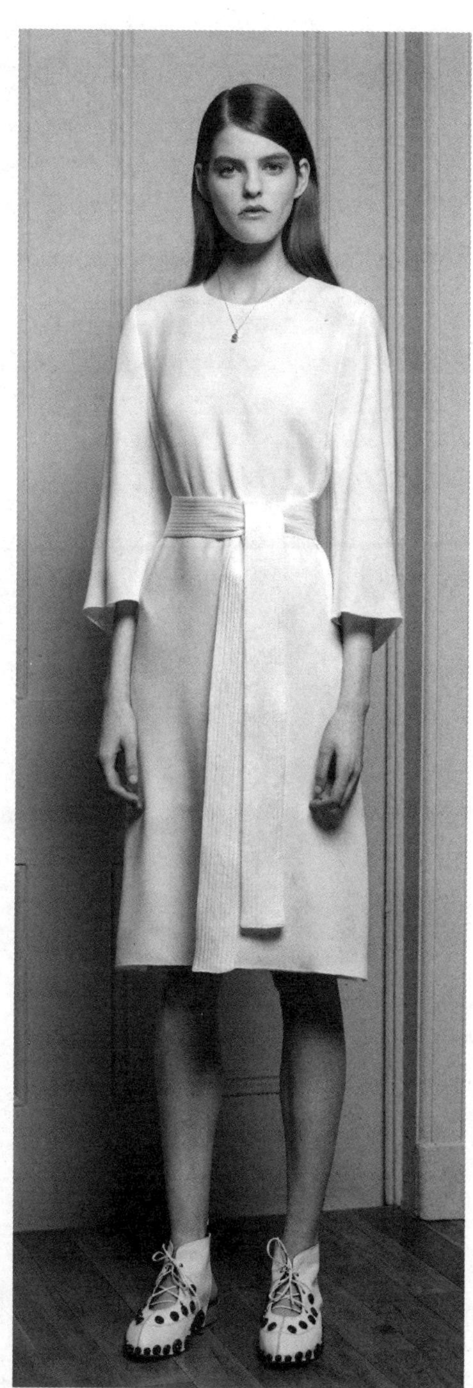

图2-6

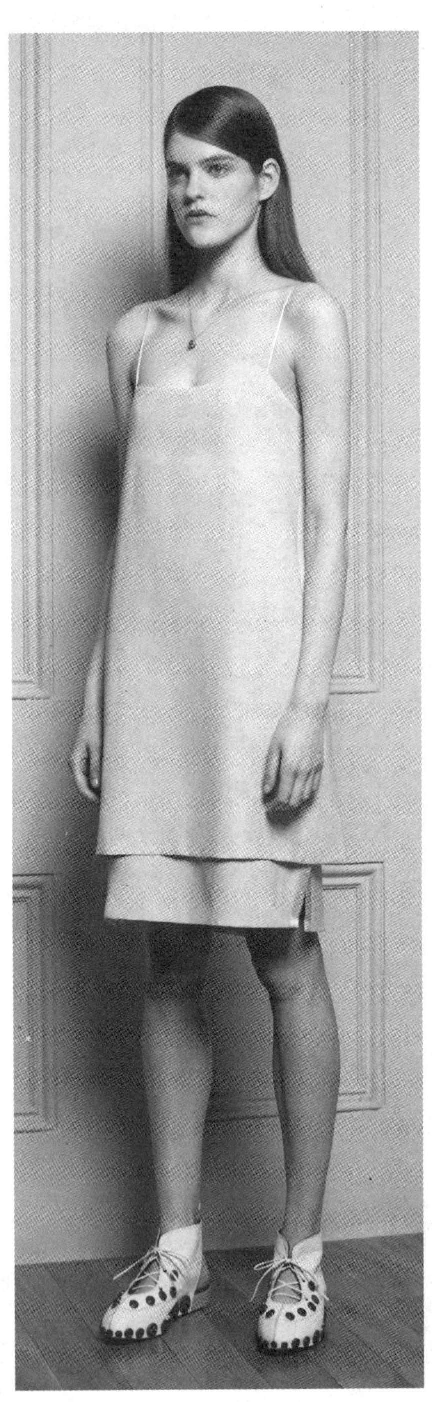

图2-6　亚当·利普斯2015年（Adam Lippes-2015）初夏度假休闲连衣裙系列
（图片来源：WGSN世界时尚资讯网）

（二）时装休闲型连衣裙原创设计图稿

时装休闲型连衣裙原创设计图稿见图 2-7~ 图 2-13。

图2-7　时装休闲型连衣裙设计图稿一

图2–8　时装休闲型连衣裙设计图稿二

图2-9 时装休闲型连衣裙设计图稿三

图2-10 时装休闲型连衣裙设计图稿四

图2-11　时装休闲型连衣裙设计图稿五

图2-12　时装休闲型连衣裙设计图稿六

图2-13 时装休闲型连衣裙设计图稿七

二、民俗休闲型连衣裙典型款式

(一)著名设计师和品牌民俗休闲型连衣裙实例

借助各民族传统服饰和典型图案为灵感源进行再创作是服装设计师们和服装品牌常用的手法。如意大利著名品牌杜嘉班纳(Dolce & Gabbana)在米兰时装周上推出的2013春夏连衣裙(图2-14),采用活泼有趣的玩偶图案、富有美术风格的满底花卉印花和陶瓷图案,使西西里岛上的传统手工业在鲜活的多色印花中得以展现,充分演绎了岛内文化。

图2-14 杜嘉班纳2013年春夏(Dolce & Gabbana-S/S2013)民俗休闲型连衣裙
(图片来源:WGSN世界时尚资讯网)

使用 20 世纪 50 年代复古风格的修身微喇的剪裁形状，采用风格各异的印花图案或 3D 花卉和珠宝镶嵌饰边，更为简约的轮廓，凸显了轻松休闲的假日风格（图 2–15）；设计朴素的粗麻布连衣裙，采用流苏边缘、钩针编织装饰图案、裙摆和裙身用二方连续形式的图案，充分体现了西西里岛上藤编手工业的影响，西西里岛上阳光充足，色彩丰富，在设计中也大胆地采用多色彩配色，用色彩和图案丰富服装的可视效果和简约的轮廓呼应，在民族风格中透露出时尚潮流的气息。这一系列在杜嘉班纳 2013 春夏系列中成为主要产品。

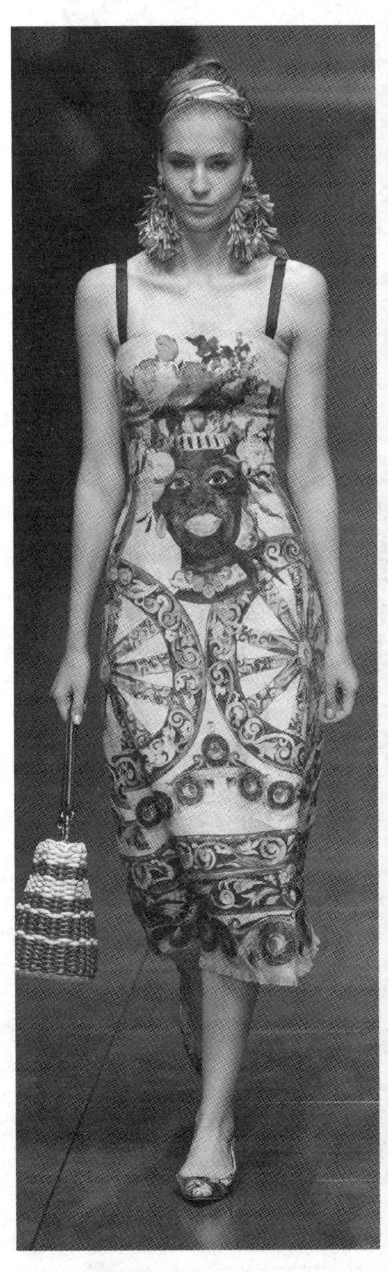

图2–15 杜嘉班纳2013年春夏（Dolce & Gabbana-S/S2013）假日风格民俗休闲型连衣裙

Drama 女装 2013 年在上海时装周上推出的 2014 春夏时装秀上，大胆地把中国戏曲元素融入时装设计中（图 2–16），中国扇面元素巧妙地作为装饰图案，面料纹样采用中国传统云纹，图案用精细的刺绣工艺完成，对比色的应用使得简约的款式变得丰富多彩，民俗文化与时尚结合得天衣无缝。图 2–17 也是 Drama 女装 2014 春夏上海时装周秀场推出的设计，此两款和图 2–16 中款式一样，均借鉴中国戏曲元素设计而成。

图2–16　Drama女装2014年春夏（Drama–S/S2014）民俗休闲型连衣裙
（图片来源：WGSN世界时尚资讯网）

图2-17 Drama女装2014年春夏（Drama-S/S2014）民俗休闲型连衣裙

（二）民俗休闲型连衣裙原创设计图稿

民俗休闲型连衣裙原创设计图稿见图 2-18~ 图 2-22。

图2-18 民俗休闲型连衣裙设计图稿一

图2-19 民俗休闲型连衣裙设计图稿二

图2-20 民俗休闲型连衣裙设计图稿三

图2-21 民俗休闲型连衣裙设计图稿四

图2-22　民俗休闲型连衣裙设计图稿五

第二节　休闲类连衣裙造型设计实例

一、时装休闲型连衣裙设计实例

（一）吊带式连衣裙造型设计

1. **款式分析**

此款是高腰节吊带休闲连衣裙，适合休闲时穿着。裙腰上提至胸部，较宽的吊带连接胸部，既有装饰作用，也有实用功能；从胸线以下开始打褶放松，形成下摆A字造型的连衣裙，裙两侧有分割线，延伸出两个大立体口袋，增强了装饰效果，整件连衣裙以明线迹作装饰，如果采用撞色线作装饰，效果会更好，适合年轻活泼的女性穿着（图2–23）。

2. **面料分析**

适合此款的面料一般为全棉斜纹纱卡、高密府绸、轧光棉布等材料，穿着舒适，由于A字造型需要较挺括的面料，所以选用较厚的面料较好。如果包边缝纫，则不需要加里布，缝纫后洗水整理能增加裙子的效果。

3. **参考尺寸**（表2–1）

表2–1　吊带式连衣裙规格表　单位：cm

裙长（L）	胸围（B）	下摆围	后腰节长	肩宽（S）	肩带宽
85（第七颈椎点至裙摆）	92	126	39	36	5

图2–23　吊带式连衣裙效果图

4. **结构设计**（图2–24）

5. **结构造型设计要点**

①确定裙长、后腰节长和袖窿深（$1.5B/10+9$），考虑人体的胸凸量需求，前片侧颈点在后片的基础上抬高1.5cm。

②确定前、后片胸围尺寸，前片为$B/4+0.5$，其中的0.5cm用来补足后腰省收掉的量。

③按图2–24中尺寸确定领圈的横、直开领和肩线，根据效果图（图2–23）确定背带的

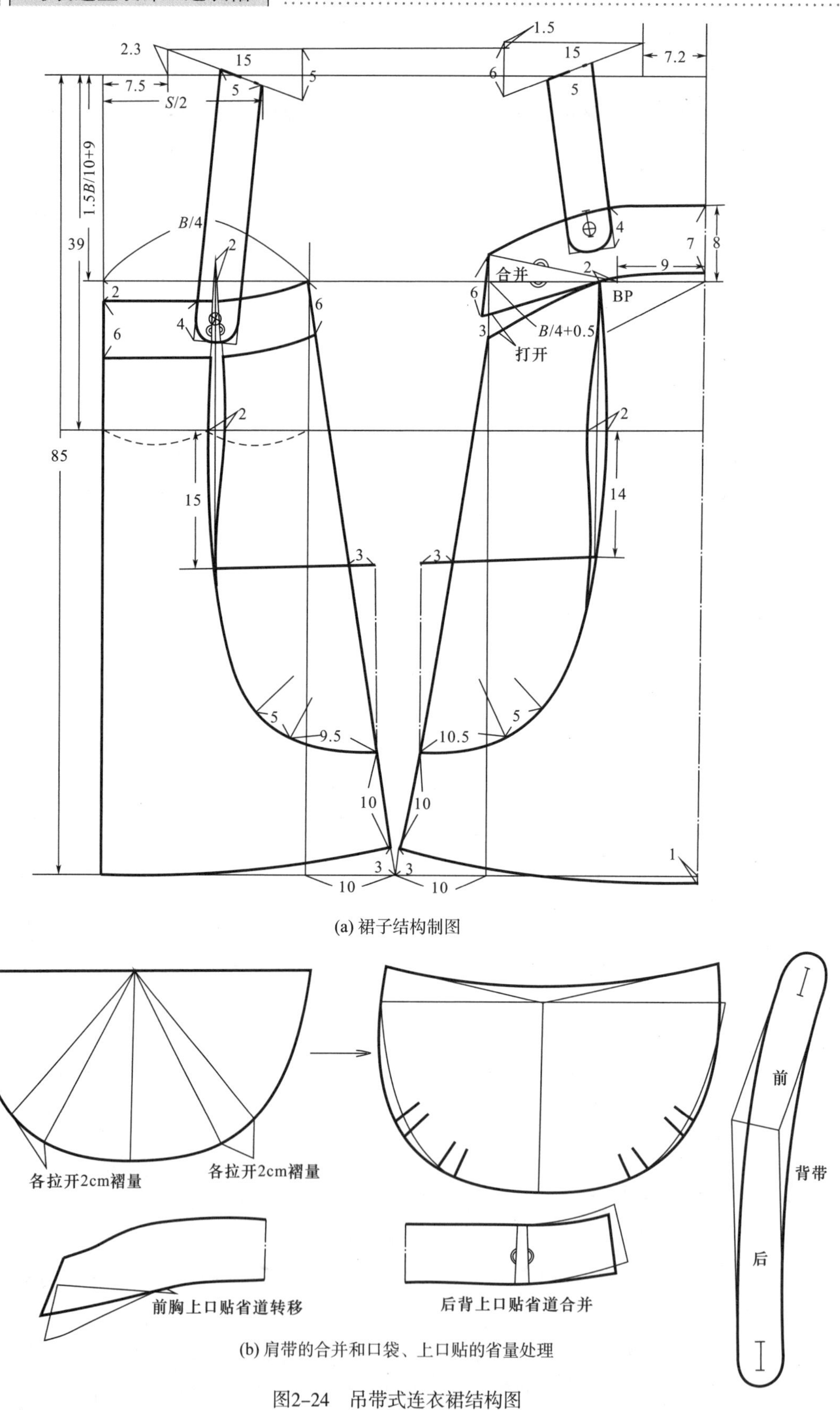

(a) 裙子结构制图

(b) 肩带的合并和口袋、上口贴的省量处理

图2-24 吊带式连衣裙结构图

位置和规格。

④确定裙子的上围线，取胸省量为3cm，前片在胸围线的基础上抬高8cm，后片在胸围线的基础上下落2cm；取上围贴边前中宽、两侧及后中宽6cm，画顺弧线。

⑤按本款式规格表内相关尺寸取下摆尺寸，两侧抬高3cm（保证下摆线与侧缝线成直角，所取数值可自行调节），画顺下摆弧线。

⑥按效果图确定前后腰省的位置，因该裙子整体呈A字型，故前后省量均取2cm。

⑦确定口袋的大小、位置及褶裥位，将前后口袋拼合，在每个褶裥位各拉开2cm的褶裥量，画顺袋口线。

⑧如图2-24将前后背带在肩缝处合并，画顺弧线；前后上围贴布做好省道的转移和合并。

⑨确定扣眼位置和纽扣位置，完成造型结构设计。

图2-25 不对称式连衣裙效果图

（二）不对称式连衣裙造型设计

1. 款式分析

图2-25所示是不对称式休闲连衣裙，适合日常活动或聚会穿着。此连衣裙打破常规，采用不对称设计手法，裙身部位用立体裁剪方法，右肩单肩吊带，左胸部呼应，添加一装饰褶；裙前片加口袋，采用立体裁剪方法详细标示口袋造型；下摆做双层宽边，增强裙的垂感；腰间加宽腰带作装饰，使整个裙型时尚舒适。

2. 面料分析

采用涂层闪光面料制作，显得时尚耀眼，也符合最新的流行趋势；另一种适合的面料为较厚的全棉面料，如斜纹纱卡、珍珠纹布、细灯芯绒等面料，酵素水洗，产生作旧效果，会产生另一种风格的着装效果。

3. 参考尺寸（表2-2）

表2-2 不对称式连衣裙规格表 单位：cm

裙长（L）	胸围（B）	下摆围	后腰节长	肩带宽
86（第七颈椎点至裙摆）	84（另加褶量）	120	38	6

4. **结构设计**

本款采用立体裁剪法，选用合适的人体模型（从本节起以后称人台），操作步骤如下。

①确定人台，一般用中号人台，检查标示线是否完整。根据效果图粘贴裙子上围线（前中以胸围线为基准偏上 6~7cm，后中以胸围线为基准偏下 2cm），要求线条前、侧、后粘贴圆顺（图 2-26）。

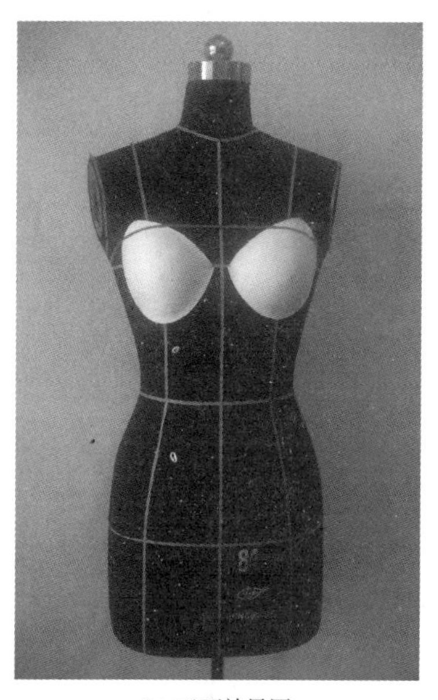

(a) 正面效果图

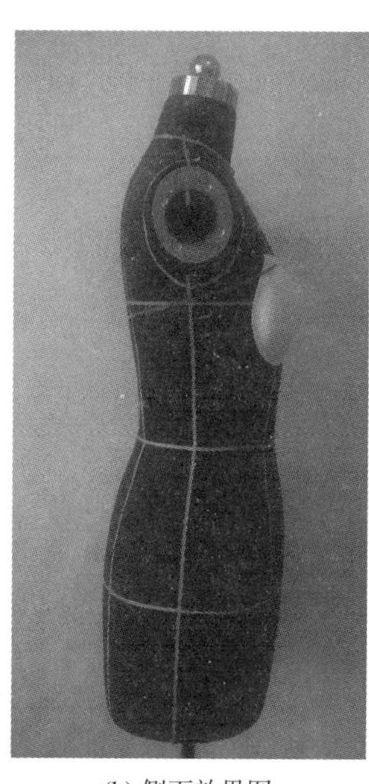

(b) 侧面效果图

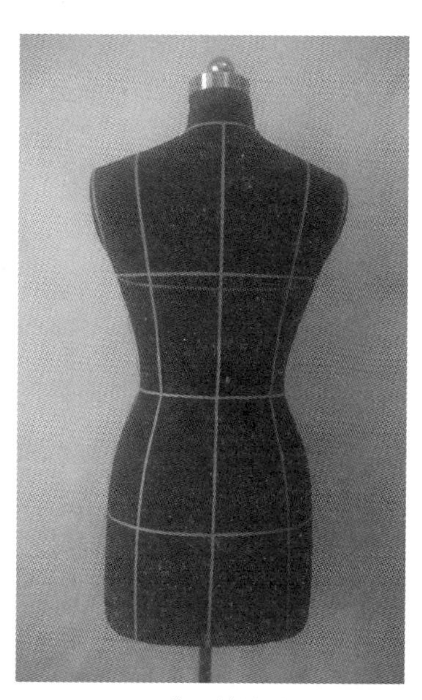

(c) 背面效果图

图2-26 裙子上胸围造型线的标记

②取布、整理坯布。取坯布长 80cm，宽 130cm；熨烫坯布，让布丝的经纬线垂直，然后对折坯布，沿对折方向画出前中心线，距离上口布边 12cm 画出胸围线（图 2-27）。

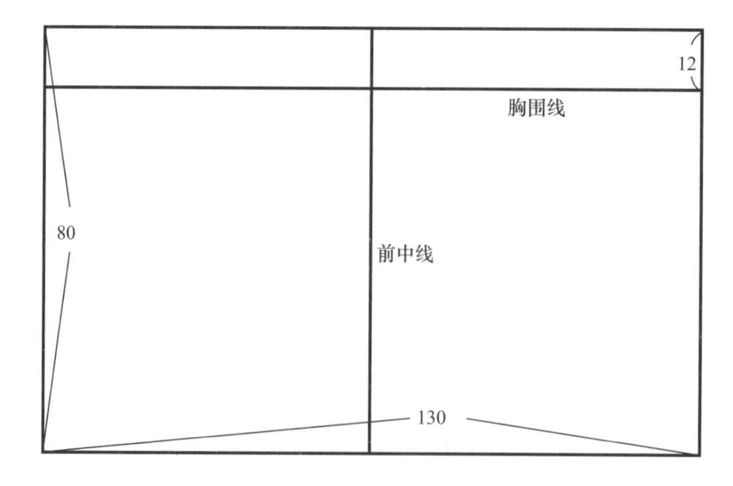

图2-27 坯布选取和标记

③将坯布的胸围线和前中心线与人台的胸围线和前中心线对合固定，如图 2–28（a）所示；根据款式特点在前中做出 9 个褶裥，以前中心线的褶裥为中心，左右各做 4 个，其中每个褶裥间距 2.5cm，褶裥量 4cm，如图 2–28（b）所示；将坯布沿人台胸围线围至后身，根据粘贴在人台上的上围线修剪上口，留 1~2cm 缝份，成型后如图 2–28（c）、（d）所示。

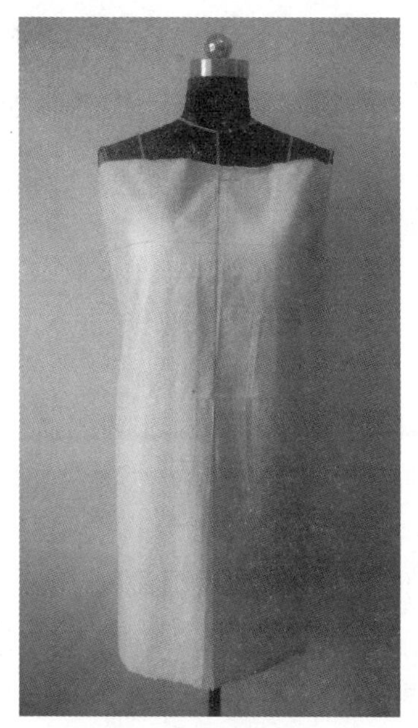

(a) 固定坯布

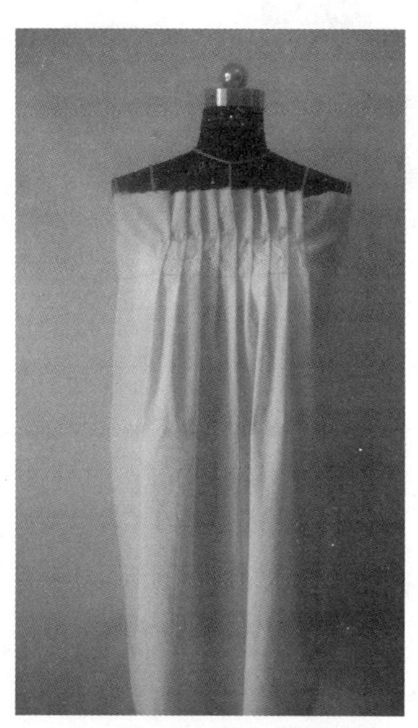

(b) 确定前胸的褶位、褶量

(c) 前身成型图

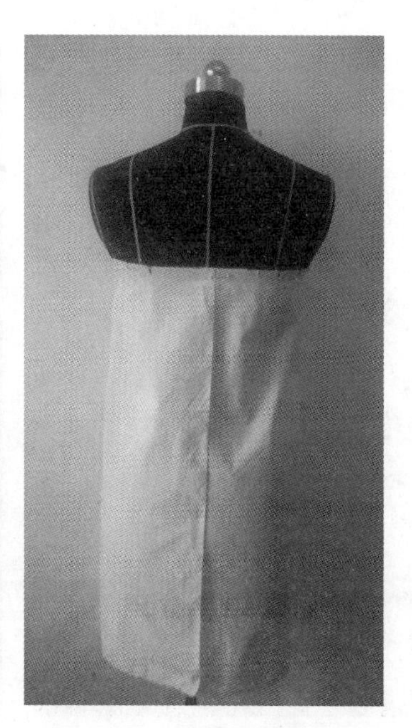

(d) 后身成型图

图2–28　裙身造型

④根据效果图（图 2–25）做出左侧装饰蝴蝶结的造型，夹缝于褶裥中（图 2–29）。

⑤取适当宽度长条，按效果图所示做好褶裥，固定于右肩的前后裙身（图 2–30）。

图2–29 左侧蝴蝶结造型

图2–30 右肩带造型

⑥取一块 50cm × 60cm 规格的坯布如图 2–31（a）所示固定于前裙片，根据效果图用标识带贴出口袋造型，修剪口袋边，留 1~2cm 缝份。确定下摆线并修剪，留 1~2cm 缝份。取一宽约 26cm 的长条对折固定于裙子下摆，做好裙子的下摆贴边，净宽度约 12cm［图 2–31（b）］。

⑦整理裁片：把立体裁剪的坯样从人台上拿下，整烫平整，确保经纬线垂直，然后留出

(a) 固定袋口坯布并造型

(b) 下摆贴布造型

图2–31 口袋和下摆造型

缝份剪去多余的坯布，标出丝绺线、对位记号等（图 2-32）。

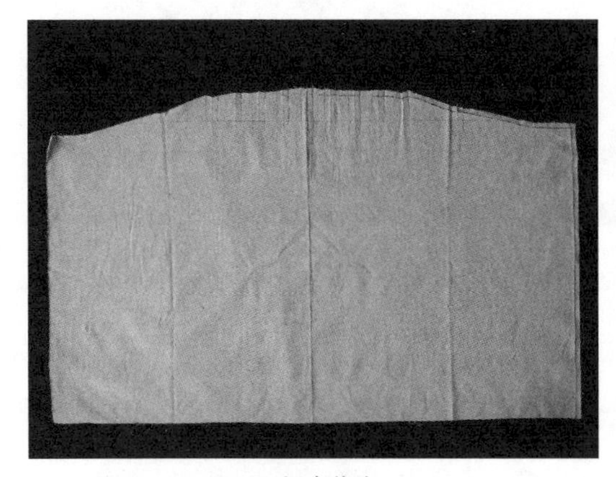

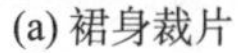

(a) 裙身裁片

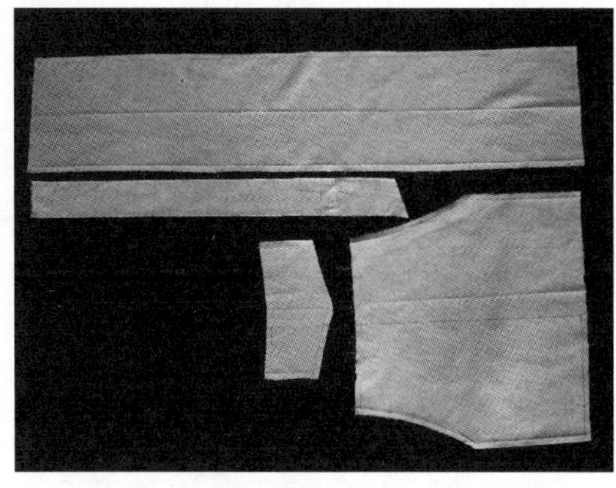

(b) 零部件裁片

图2-32 裁片平面展开图

⑧试样修正：将整理好的裁片重新别合，再穿到人台上观察效果，检查成品与设计稿的款式、规格及细节的设计等是否相符，如不符合，则在人台上进行修正，并做好记号。图 2-33 为不对称式连衣裙的成品效果。

⑨复制样板：将所有裁片取下，包括修正好的裁片，放到样板纸上，将裁片拷贝成样板，在拷贝的过程中将需要修正的部位修正好，并做好纱向线、裁片名称、对位标记等样板标示，完成不对称式连衣裙的造型结构设计（图 2-34）。

(a) 正面成型效果图

(b) 背面成型效果图

图2-33

(c) 正面束腰带成型效果图

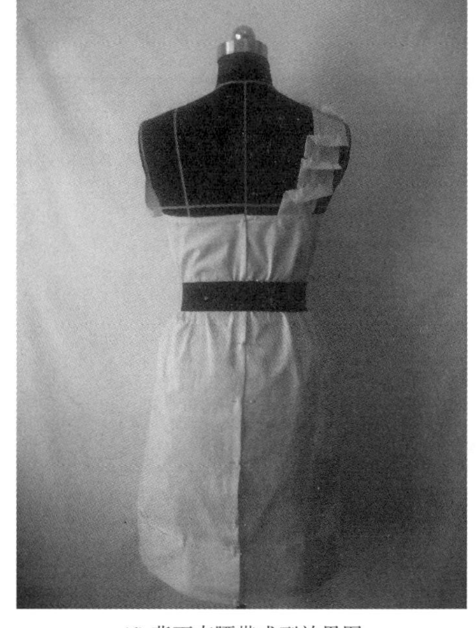
(d) 背面束腰带成型效果图

图2-33　不对称式连衣裙的成型图

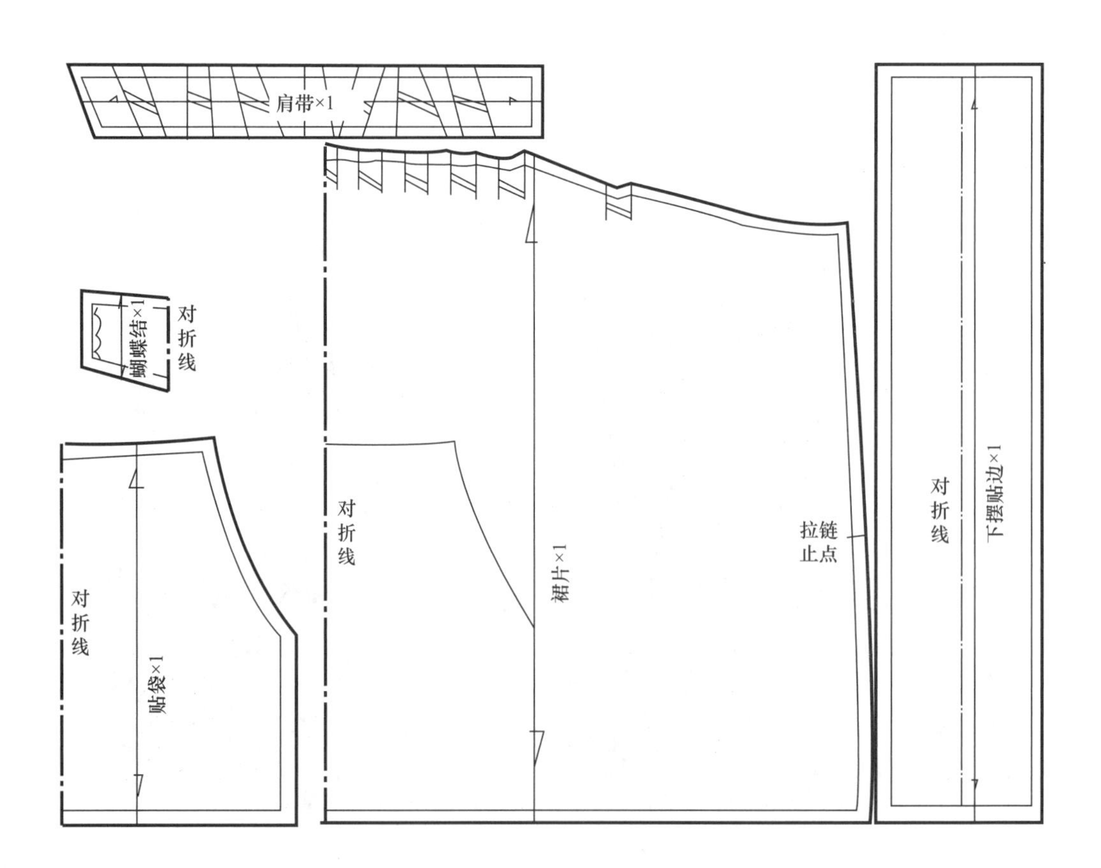

图2-34　不对称连衣裙平面纸样

（三）悬垂褶式连衣裙造型设计

1. **款式分析**

图 2–35 所示是低腰节、断开裁剪、悬垂褶皱装饰的休闲式连衣裙，适合休闲聚会和晚宴穿着。裙身采用罗马式褶皱，胯处加宽带分割，有节奏感，省道消化在褶皱之中；领子和袖连在一起，采用宽带贴布。如果在领部做刺绣或者珠片装饰，就成为很好的晚宴装。

2. **面料分析**

该款连衣裙可用薄型面料制作，磨砂垂悬感好的面料最佳，也可用乔其纱面料，用撞色面料做里布，这样会形成复合颜色效果，使裙子产生梦幻效果。

3. **参考尺寸**（表2–3）

表2–3 悬垂褶式连衣裙规格表 单位：cm

裙长（L）	胸围（B）	后腰节长	腰带宽	肩带宽
86（第七颈椎点至裙摆）	88	46	6	3.5

图2–35 悬垂褶式连衣裙效果图

4. **结构设计**（图2–36）：

5. **结构造型设计要点**

①确定裙长、后腰节长（人体第七颈椎点至胯骨的垂直距离）和袖窿深 21cm，因裙子整体略显宽松，故前片侧颈点在同一水平线上。

②确定前、后片胸围尺寸，均为 $B/4$。

③如图 2–36 中尺寸确定领圈的横、直开领和肩线；根据效果图确定肩带的位置（后片离侧颈点 5.5cm，前片离侧颈点 5cm），裙子的前后领深均为 12cm，肩带宽 3.5cm。前肩带延长 3.5cm 作为前后肩带安装纽扣的重叠量。

④确定裙子的袖窿弧线和袖窿贴条。后片离肩线点 7cm，前片离肩线点 6.5cm，分别取两点与胸围线点连成圆顺弧线（前片留腋下省大 2~2.5cm，将腋下省合并，下摆展开），做好袖窿弧线；离袖窿弧线 3.5cm 作平行线，画好袖窿弧线贴条。

⑤下摆在胸围线的基础上侧缝外延 4cm，连接摆缝线，画顺下摆弧线（保证下摆线与侧缝线成直角）。

⑥确定腰线分割线位置为后中点下 46cm，前后腰带宽 6cm，在侧缝处抬高 1cm，使腰带分割线与侧缝线成直角。

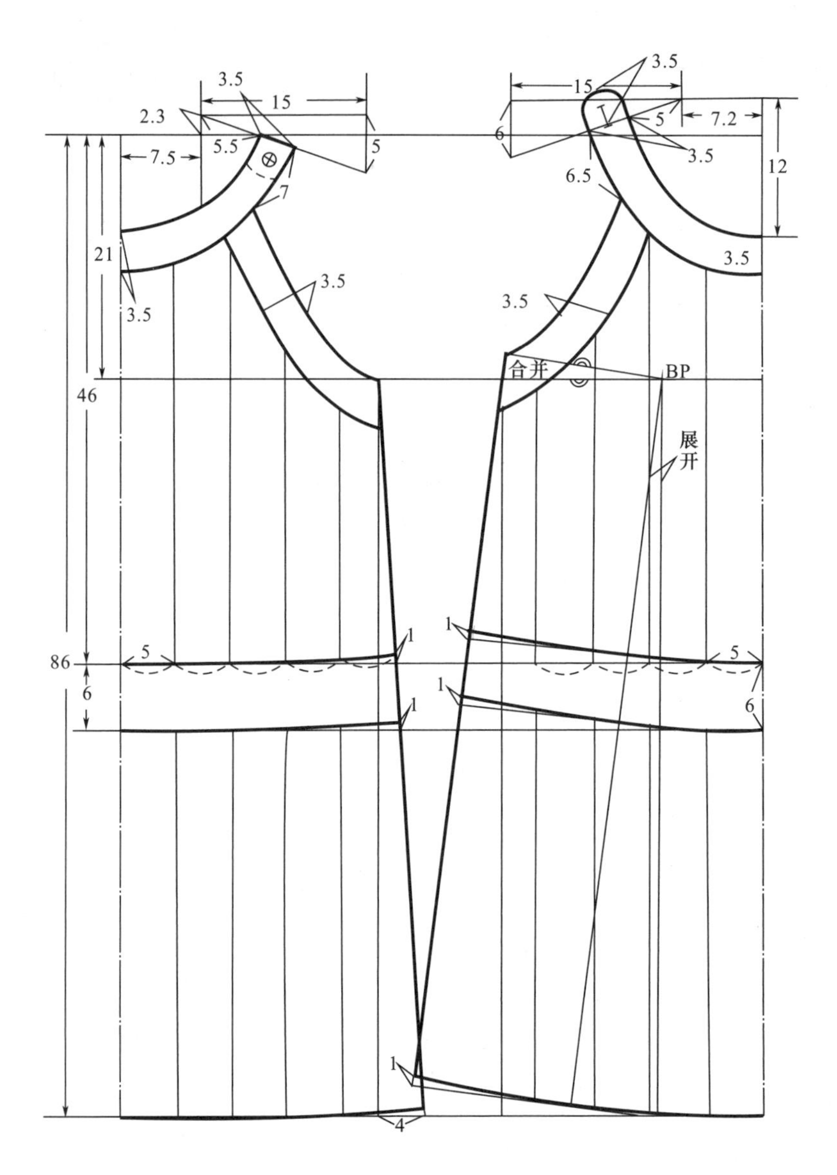

(a) 裙子结构制图

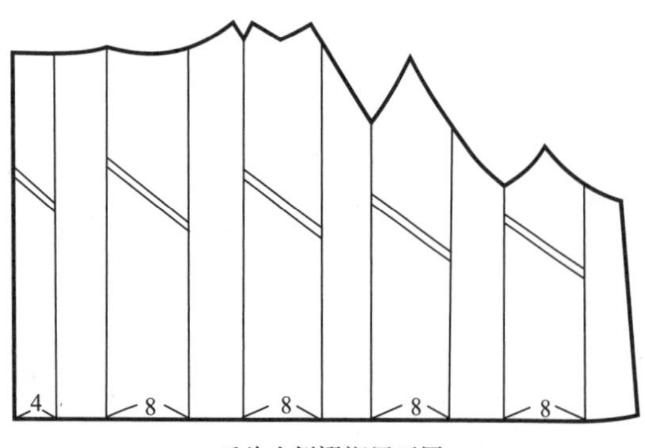

后片上侧褶裥展开图

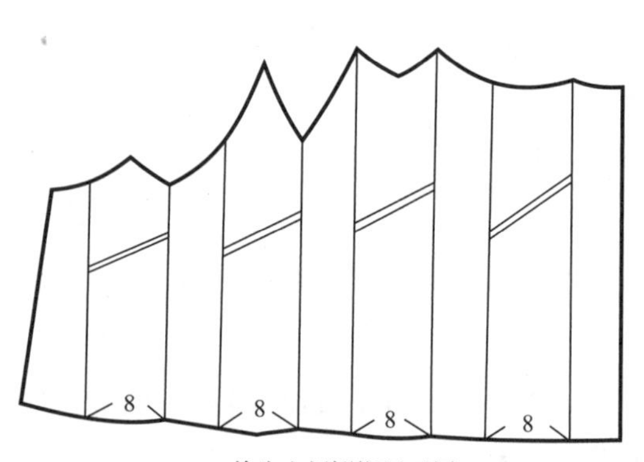

前片上侧褶裥展开图

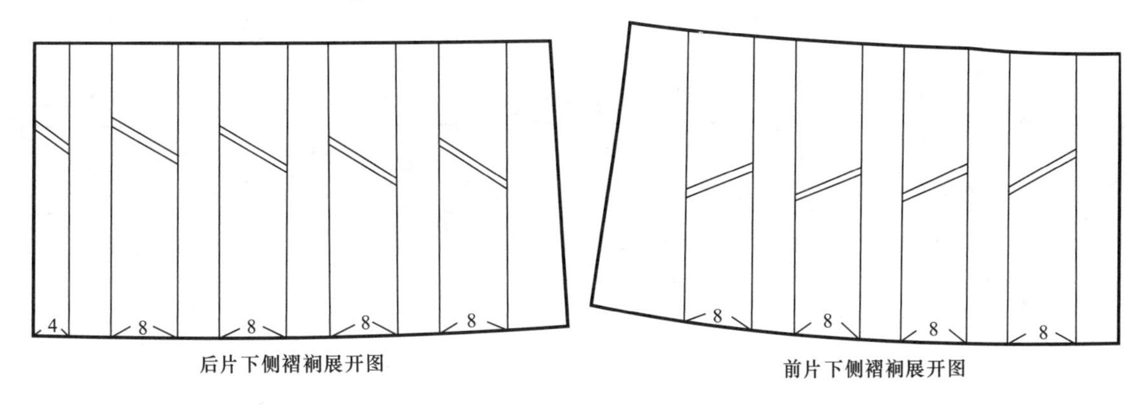

(b) 裙片的褶量展开

图2-36　悬垂褶式连衣裙结构图

⑦将前后衣身分别以前后中心线为基准，每间隔 5cm 作一垂线，作为褶裥的位置，然后在前片上、下侧和后片上、下侧的每一条垂线位置分别拉开 8cm 的量作为褶裥的量，展开后形状如图 3-36 所示。

⑧确定肩带的扣眼位置和纽扣位置，完成造型结构设计。

二、民俗休闲型连衣裙设计实例

（一）手绘宽松式连衣裙造型设计

1. 款式分析

图 2-37 所示款式为休闲式手绘连衣裙，适合休闲居家穿着。插肩袖与宽松的裙身浑然一体，有飘逸洒脱之感。此款的设计重点在手绘图案，从下摆往上渐变，图案由重渐轻，形成节奏感；图案的色彩可浓可淡，如果用重彩，产生强烈的色彩对比，视觉冲击力强；如果用淡彩，则会产生抒情自然之感，有田园风格之美。

2. 面料分析

此款可用针织面料制作，自然垂悬，舒适动感；也可用丝绸面料手绘图案，简洁宽松的款式配以丝绸面料，是不可缺少的休闲连衣裙。

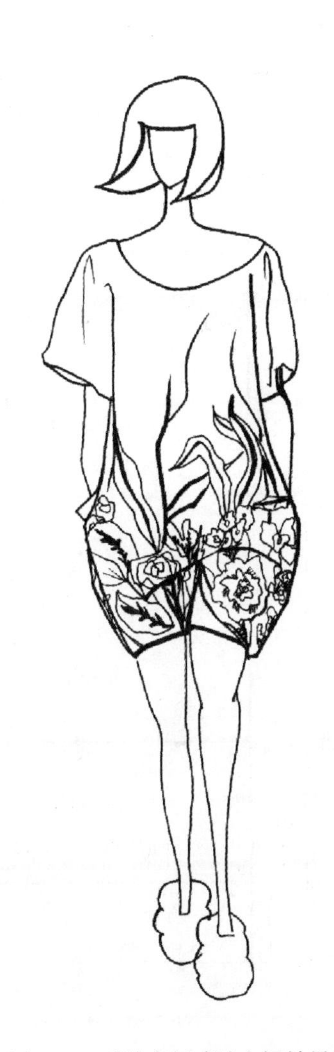

图2-37　手绘宽松式连衣裙效果图

3. **参考尺寸**（表2-4）

表2-4 手绘宽松式连衣裙规格表 单位：cm

裙长（L）	胸围（B）	下摆围	袖长（SL）	袖口（CW）
94（第七颈椎点至裙摆）	92	112	32	48

4. **结构设计**（图2-38）

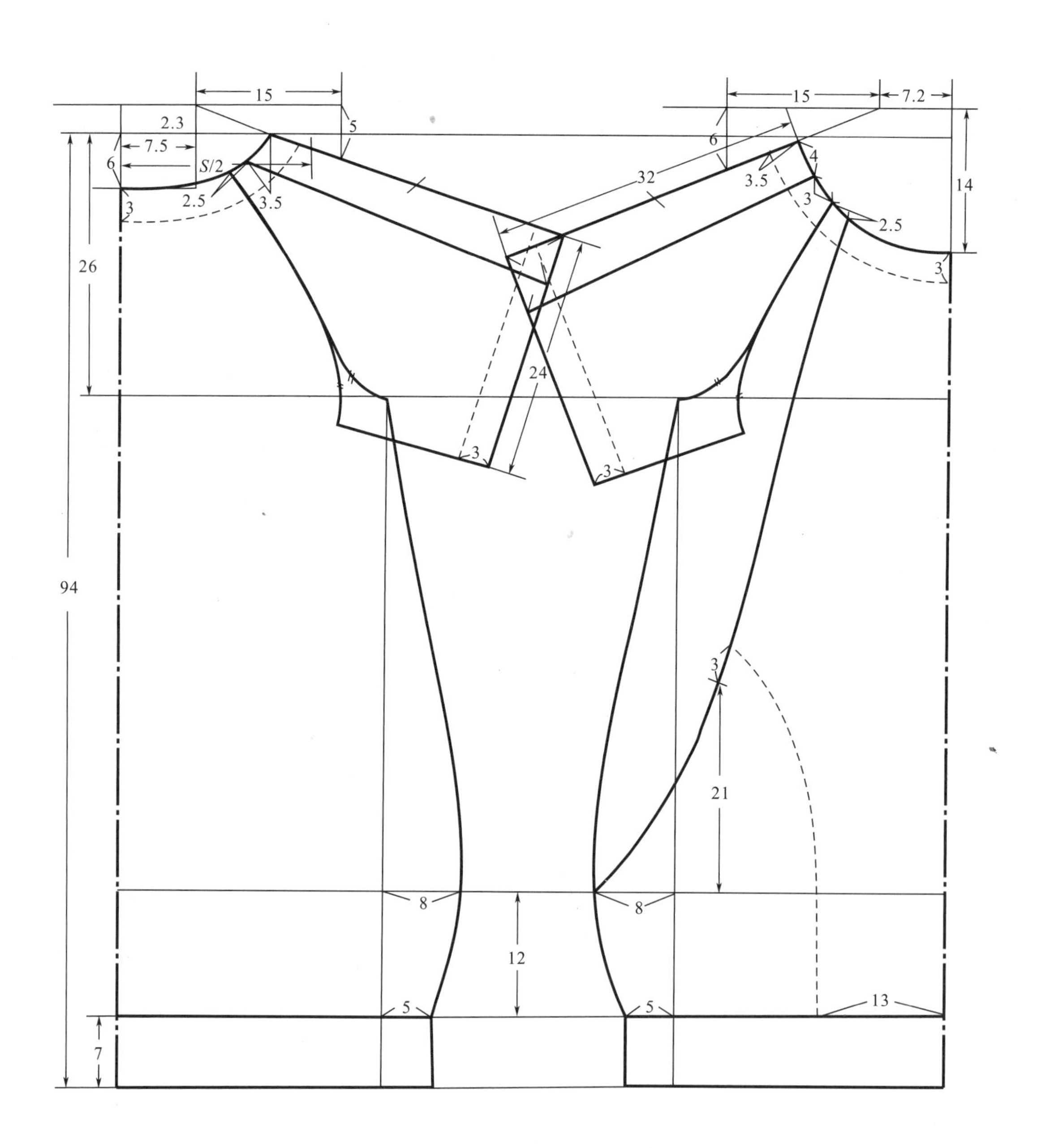

图2-38 手绘宽松式连衣裙结构图

5. **结构造型设计要点**

①确定裙长和袖窿深，因该款裙子为宽松无省设计的造型，故前片不抬高，前后片侧颈点在同一水平线上。

②确定前、后片胸围尺寸，前后片均为 $B/4$。

③确定领圈的横、直开领和肩线：根据效果图确定裙子横直开领的位置和规格，画顺前后领口弧线。领口装贴布后缉明线宽 3cm。

④延长肩线取全袖长 32cm，袖口大 24cm；如图 2-38 中规格确定插肩袖的袖窿分割线和袖子分割线，保证分割后对合边的长度一致。将前后袖的肩线合并，形成完整的袖中拼条。袖口三折边缉明线 3cm。

⑤下摆做贴边宽 7cm，侧缝在胸围 $B/4$ 的基础上延长出 5cm，在衣片下口线上 12cm 处延长出 8cm，连接侧缝线成 O 形。

⑥前身作一 S 形分割，衣片下口线上 12cm 处往上 21cm 做口袋。

⑦确定袋布结构，袋布下口宽离前中 13cm，完成造型结构设计。

（二）中国刺绣装饰连衣裙造型设计

1. **款式分析**

此款是中国刺绣式连衣裙，适合参加聚会或外出休闲时穿着。此款结构并不复杂，设计重点在于刺绣装饰图案，图案从胸线往下逐渐延伸至下摆处，采用中国传统的刺绣手法，可用抢针绣和包梗绣结合。抢针绣是用短直针脚按纹饰形状，分层刺绣，可使用颜色相近绣线形成由浅到深的色晕效果，使绣品较为结实，纹饰装饰性强。包梗绣主要特点是先用较粗的线打底或用棉花垫底，使花纹隆起，然后再用绣线绣没，一般采用平绣针法。包梗绣花纹秀丽雅致，富有立体感，装饰性强，又称高绣，在苏绣中则称凸绣。此款还可以采用印绣结合的手法，使图案装饰有更多的层次，达到立体效果。

2. **面料分析**

此款可用丝绸面料制作，素绸缎或贡缎为最佳选择，仿丝绸也是适合该款的面料，值得注意的是如果选择真丝面料做裙，那么刺绣线也要选用真丝绣花线，如果选用仿丝绸制作裙，绣线则要选用人造丝线。原因是真丝面料属于天然材料，会随着时间而逐渐老化变色，如果选用真丝

图2-39 中国刺绣装饰连衣裙效果图

线刺绣图案，那么老化和变色的速度一样，不会产生色差，同样的道理也适合仿丝绸裙。

3. **参考尺寸**（表2–5）

表2–5　中国刺绣装饰连衣裙规格表　　单位：cm

裙长（L）	胸围（B）	腰围（W）	臀围（H）	后腰节长	肩宽（S）
90（第七颈椎点至裙摆）	88	70	92	38	36

4. **结构设计**（图2–40）

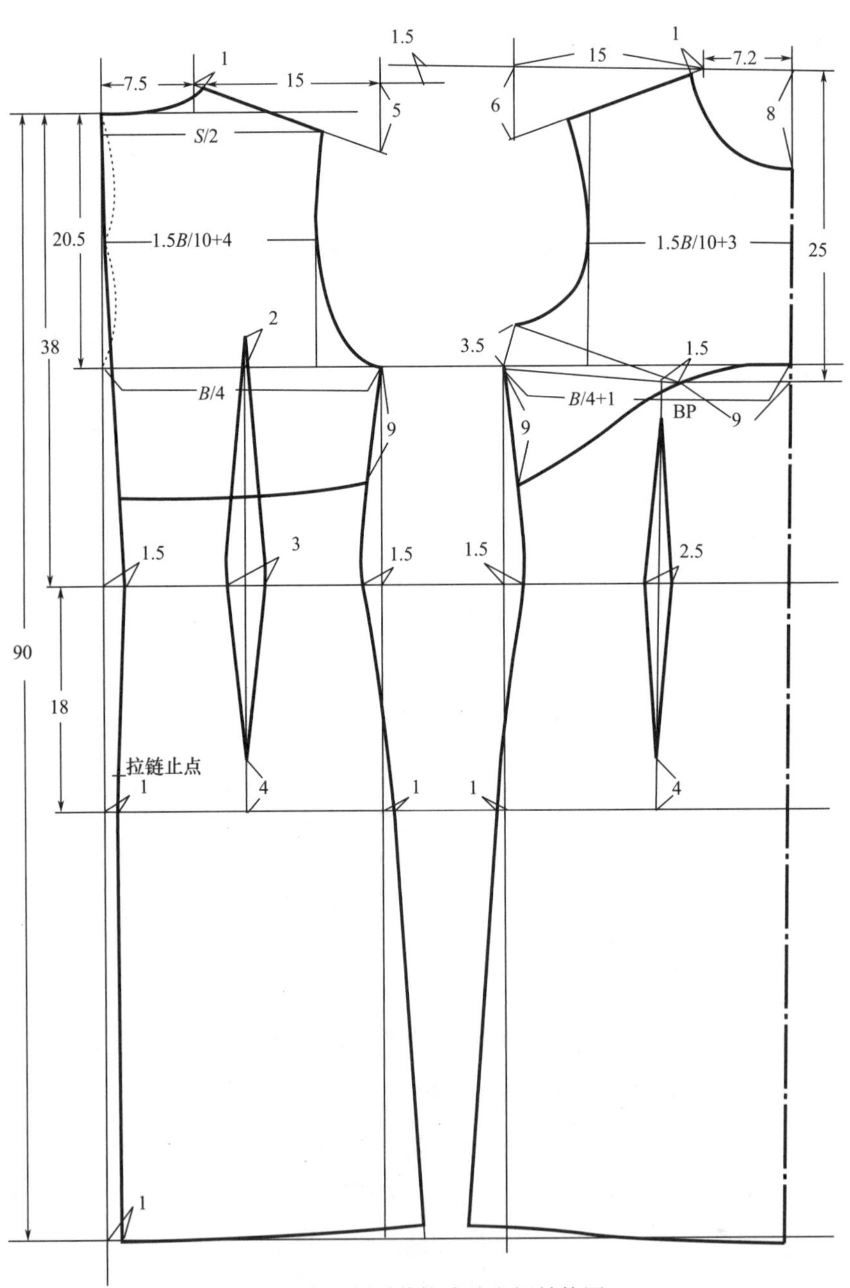

图2–40　中国刺绣装饰式连衣裙结构图

5. 结构造型设计要点

①确定裙长、后腰节长和袖窿深，考虑人体的胸凸量需求，前片侧颈点在后片的基础上抬高 1.5cm。

②确定前、后片胸围尺寸，前片为 $B/4+1$，其中的 1cm 用来补足后腰省在胸围处收掉的量。

③确定裙子的后中线，腰节处收 1.5cm，臀围处收 1cm，画顺弧线。

④确定领圈的横、直开领和肩线；确定前后横开领为基本领圈加大 1cm，前直开领为 8cm，画顺前后领口弧线。

⑤确定裙子的前后袖窿弧线，取胸省量为 3.5cm，前胸宽为 $1.5B/10+3$cm，后背宽为 $1.5B/10+4$cm，画顺弧线。

⑥连接侧缝线。侧缝在腰节处收 1.5cm，臀围处放 1cm，画顺侧缝线，连接下摆线，与侧缝成直角。

⑦确定前后横向分割线的位置，前片分割线在前中处位于胸围线的位置，侧缝处从腋下往下 9cm；后片分割线从腋下往下 9cm，前片分割线与后中水平连顺。

⑧确定前后腰省的位置和大小，前腰省位于 BP 点（离侧颈点 25cm，离前中心 9cm）往侧缝 1.5cm 的位置，省量 2.5cm，上端省尖点离 BP 点为 3cm，下端省尖点离臀围线 4cm；后腰省位于后腰线 1/2 处，省量 3cm，上端省尖点位于胸围线上 2cm 处，下端省尖点离开臀围线 4cm。

⑨确定后中拉链止点的位置，为臀围线上 3cm 处。完成中国刺绣装饰连衣裙的结构造型设计。

（三）钩织连衣裙造型设计

1. 款式分析

图 2–41 所示为手工编织连衣裙，是古老传统工艺的传承和发展，超短裙显得时尚干练，双层效果能增加立体感；几何图案形成的肌理效果有其特殊的装饰性，也是别的工艺很难达到的；编织的肌理图案可根据裙子本身变化，可排列有序，也可错落有致，所以手工编织的连衣裙可以派生出不同的着装效果。

2. 面料分析

本款式可以采用各种纱线编织，能得到不同的肌理效果。如果用丝线编织，裙子表面光洁靓丽；用毛圈线编织则会有起绒效果，产生厚重之感；用马海毛编织会有温暖富贵之感，总之，不同的材质会得到不同的效果。

图2–41 钩织连衣裙效果图

3. **参考尺寸**（表2-6）

表2-6 钩织式连衣裙规格表 单位：cm

裙长（L）	胸围（B）	腰围（W）	臀围（H）	下摆围	后腰节长
78（第七颈椎点至裙摆）	84	72	92	102	38

4. **结构设计**（图2-42）

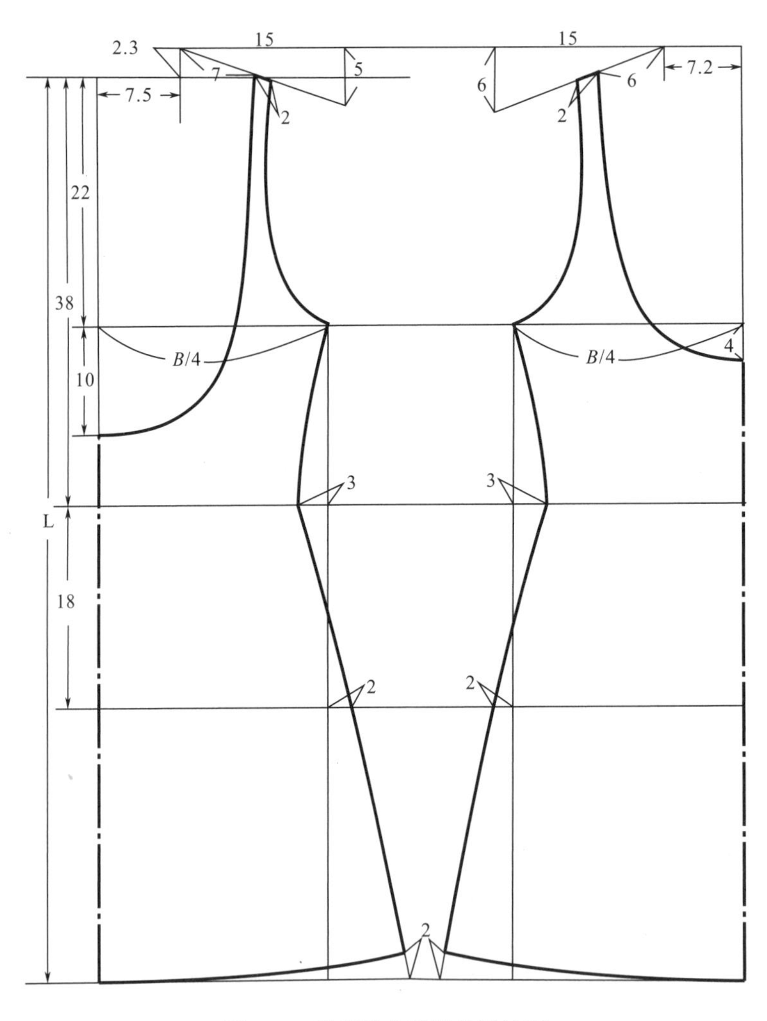

图2-42 钩织连衣裙结构设计图

5. **结构造型设计要点**

①确定裙长、后腰节长、袖窿深线和臀围线，因该款裙子为无省设计的造型，且钩织工艺的服装本身具有一定的伸缩性，故前片不抬高，前后片侧颈点在同一水平线上。

②确定前、后片胸围尺寸，前后片均为 $B/4$。

③以图 2–42 中尺寸确定领圈的横、直开领和肩线；根据效果图 2–41 确定肩带的位置和规格，画顺袖窿弧线。

④确定前领深开至胸围线下 4cm，后领深开至胸围线下 10cm，画顺前后领口弧线。

⑤根据规格表 2–6 中的参考数据，在侧腰处收 3cm，臀围处放 2cm，画顺侧缝线。

⑥连接下摆线，要求下摆与侧缝线垂直，完成造型结构设计。

第三章　职业装类连衣裙

职业装类连衣裙造型是和女性走出家门从事职业活动同时诞生的，与时代的潮流趋势紧紧相连，是适合时代发展要求的女性的典型服类。许多职业女性的生活方式比较多样化，学习工作节奏较快，服装中性化现象较浓，要消除这种现象，让女性大方而不失妩媚，美观而不失风韵，年轻而不失优雅，简洁而不失有型，职业装类连衣裙是女性较好的选择。

第一节　职业装类连衣裙典型款式

职业类连衣裙可分为两大类：一类是满足女性工作需求的上班装型连衣裙；另一类是适应各种礼仪要求的礼仪型连衣裙。

上班装型连衣裙着重体现女性在学习或工作时的一种优雅状态，虽然学习场所或者办公室里不需要风情万种，但女人爱美的天性使她们能够轻而易举地将流行元素融进枯燥沉闷的职业服中，时尚无需复杂，连衣裙就可以将职业装穿出流行感觉，职业形象也能带出甜蜜的感觉。如刚刚参加工作的纯情女性，还带着稚嫩的学生气息，可以选择白色、淡粉色、格子等变化款的学生装型连衣裙，看上去清纯而又不失优雅、妩媚之效果，给人留下朝气、充满亲和力和感染力的印象；马甲式连衣裙适合成熟妩媚的女性，由于这类连衣裙的款式比较时尚，因而为了表现职业的严肃性，在色彩选择上可以考虑灰色、深蓝、黑色、米色等较沉稳的色系，此外，也可选择白色，尽管款式花哨，但是颜色庄重，同样能表现女性妩媚含蓄的神秘感。面料选择上应当尽量选用那些经过处理、不易起皱的丝、棉、麻以及水洗处理过的面料，能体现8小时内上班时间较正式严谨、庄重的着装效果。

礼仪型连衣裙脱胎于晚礼服，着重满足特殊或正式场合时穿着的女性连衣裙，根据用途可分为节日礼仪型连衣裙和宴会礼仪型连衣裙。现代生活方式使正式场合女性的连衣裙也发生了翻天覆地的变化，礼仪型连衣裙满足了节日里或者正式宴会时需要女性形象更加柔美的要求。在一些宴会上，为了给来宾以醒目的识别和极大的尊重，礼仪小姐都会选择恰当的迎宾服装，宴会连衣裙往往作为首选而被推崇，这类连衣裙的设计既融进了晚礼服的特点，又能让礼仪小姐行动方便而能更好地服务嘉宾，经过多年的沉淀，已经形成了独特的风格。

一、通勤型连衣裙典型款式

（一）著名设计师和品牌通勤型连衣裙实例

香奈儿（Chanel）女装中连衣裙是最适合职业女性穿着，经过上百年的品牌优秀品质的凝练，香奈儿以其独特的魅力和造型展示女性的美，如在2014春夏巴黎时装周上香奈儿推出的一系列连衣裙为上班族女性打造了姣好的形象（图3–1）。外轮廓是干练简约的修身紧腰或箱型，标志性的粗花呢、厚针织、蕾丝、皮革等面料依然为香奈儿的主要面料，手绘粗花呢印花、手绘彩虹条纹是其典型的面料［图3–1（a）、（b）］。低腰直筒裙和过膝紧身裙看

(a)

(b)

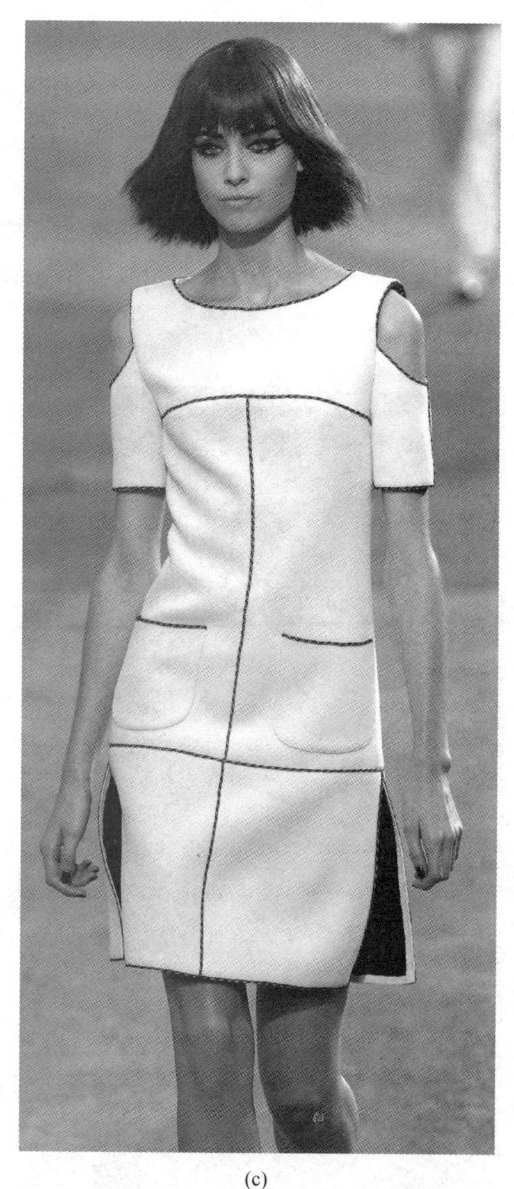

(c)

(d)

图3-1　香奈儿2014春夏（Chanel-S/S2014）职业装类连衣裙
（图片来源：WGSN世界时尚资讯网）

上去像是系扣夹克和半裙套装；图 3-1（c）用白色呢料与装饰性较强的链条针装饰相配组成时尚的裙装；图 3-1（d）仿金属渐变染色面料，大领子和裙下摆互相呼应，迷你抽绳链条包带、双C字母装饰包、配镶嵌珠宝手镯，在时尚中不失职业女性的干练和严谨，外轮廓是箱型造型，但由于腰带装饰恰当，也能够巧妙地突出女性的曲线美。

上班装型连衣裙在 Maiyet 女装品牌中也得到很好的表现。图 3-2 中的（a）、（b）是 Maiyet 女装在 2014 巴黎时装周上推出的连衣裙款式。虽然此两款裙装都采用了单色——白色面料，但（a）款圆领造型的连衣裙用不对称短袖和不对称裙摆，在单调中多了一些变化；（b）款马甲式衬衫领连衣裙借鉴男式衬衫领，前片打碎褶，使层次感明显，裙下摆以不对称设计，腰间用细带系绑，使宽松的裙身变得合体，当穿着者走动时裙子随着人体飘动，让中性化的服装变得婀娜多姿。

图 3-2（c）、（d）两款也是 Maiyet 女装在 2014 巴黎时装周上推出的薄纱连衣裙款式，此两款裙装主要用通透的面料结合其他面料表现层叠效果，这是近两年常采用的设计方法，搭配金属感较强的装饰，如项链、手袋袖口和装饰图案等。

(a)

(b)

(c)

(d)

图3-2 Maiyet2014年春夏职业装类连衣裙
（图片来源：WGSN世界时尚资讯网）

（二）通勤装型连衣裙原创设计图稿

通勤装型连衣裙设计图稿见图 3-3~ 图 3-9。

图3-3　通勤装型连衣裙设计图稿一

图3-4 通勤装型连衣裙设计图稿二

图3-5 通勤装型连衣裙设计图稿三

图3-6 通勤装型连衣裙设计图稿四

图3-7 通勤装型连衣裙设计图稿五

图3-8 通勤装型连衣裙设计图稿六

图3-9　通勤装型连衣裙设计图稿七

二、礼仪型连衣裙典型款式

（一）著名设计师和品牌礼仪型连衣裙实例

为了适用于某个民族的重大节日庆典，很多品牌会推出适合节日礼仪型的连衣裙来满足节日里女性着装需要，如在2013-2014米兰时装周上杜嘉班纳（Dolce&Gabbana）推出了一系列适合中国春节时女性穿着的连衣裙（图3-10）。该四款连衣裙均采用中国传统的喜庆色红色，

(a) (b)

图3-10

(c) (d)

图3-10 杜嘉班纳2013-2014年秋冬（Dolce&Gabbana-A/W-2013-2014）礼仪型连衣裙
（图片来源：WGSN世界时尚资讯网）

面料用刺绣、烂花、蕾丝等奢华的面料，配以金色配饰，营造了浓烈的节日气氛。由于面料和色彩具有强烈的质感和视觉冲击力，因而在款式设计上做了简约处理。图 3-10（a）、（b）所示两款连衣裙为小 A 字廓型，设计重点在烂花刺绣上；图 3-10（c）、（d）所示两款为花瓶廓型，用蕾丝和镂空手法衬托着装者的奢华和高贵。

宴会礼仪型连衣裙一向是连衣裙中一颗璀璨的明星。由于宴会的特殊场合要求，奢华高贵、优雅迷人的风格作为首选。著名的艾莉·萨博（Elie Saab）的作品［图 3–11（a）、（b）］很具特色，标志性嵌花装饰和镂空蕾丝连衣裙奠定品牌系列的基调，古希腊魅力也是灵感来源。此两款采用单色面料，配饰也是相同颜色，用悬垂层叠设计表现质感，装饰线本身的闪光效果使连衣裙摆脱单调的嫌疑，自然、飘逸、高贵且脱俗。

(a)

(b)

图3–11

(c) (d) (e)

图3-11 艾莉·萨博2014-2015秋冬（Elie Saab-A/W-2014-2015）礼仪型连衣裙
（图片来源：WGSN世界时尚资讯网）

艾莉·萨博运用丝绸闪缎、珠光面料、带有独特花纹的雪纺、银丝流苏、精细的刺绣等让女人在行走间浮游流动，充满飘逸轻灵的梦幻色彩，为所有女人构筑一个童话般的梦，是宴会礼仪服装的较佳选择［图3-11（c）、（d）、（e）］。

（二）礼仪型连衣裙原创设计图稿

礼仪型连衣裙设计图稿见图 3-12~ 图 3-16。

图3-12 礼仪型连衣裙设计图稿一

图3-13 礼仪型连衣裙设计图稿二

图3-14　礼仪型连衣裙设计图稿三

图3-15 礼仪型连衣裙设计图稿四

图3-16　礼仪型连衣裙设计图稿五

第二节　职业装类连衣裙结构造型设计实例

一、通勤型连衣裙设计实例

（一）圆领短袖连衣裙造型设计

1. 款式分析

如图 3-17 所示为圆领短袖连衣裙。款式造型简洁大方，细碎的褶皱能体现女性的柔美，干练中带有妩媚，适合上班族穿着；腰节上提，使人体重心也上提，腰下双层碎褶 A 字裙摆，走动时会随步履摆动，婀娜多姿，是上班族可选的裙款。

图3-17　圆领短袖连衣裙效果图

2. 面料分析

此款面料适用垂感好的薄型面料制作，圆领部滚双层边，腰节下双层裙摆，能增加裙摆的重量和立体感；此款可用印花乔其纱面料和水洗丝等面料制作。

3. 参考尺寸（表3-1）

表3-1　圆领连衣裙规格表　　单位：cm

裙长（L）	胸围（B）	后腰节长	腰围（W）	肩宽（S）	袖长（SL）	袖口（CW）
94（第七颈椎点至裙摆）	90	38	72	37	15	30

4. 结构设计（图3-18）

5. 结构造型设计要点

①确定裙长、后腰节长和袖窿深（$1.5B/10+8$），因裙子为较合体款，考虑到人体所必需的胸凸量，故前片在后片侧颈点的基础上抬高 1cm。

②确定前、后片胸围尺寸，后片为 $B/4$，前片为 $B/4+0.5$（0.5cm 为后片省道收掉的量）。

③确定领圈的横、直开领和肩线；根据效果图确定领圈贴条的位置（离侧颈点 7cm），

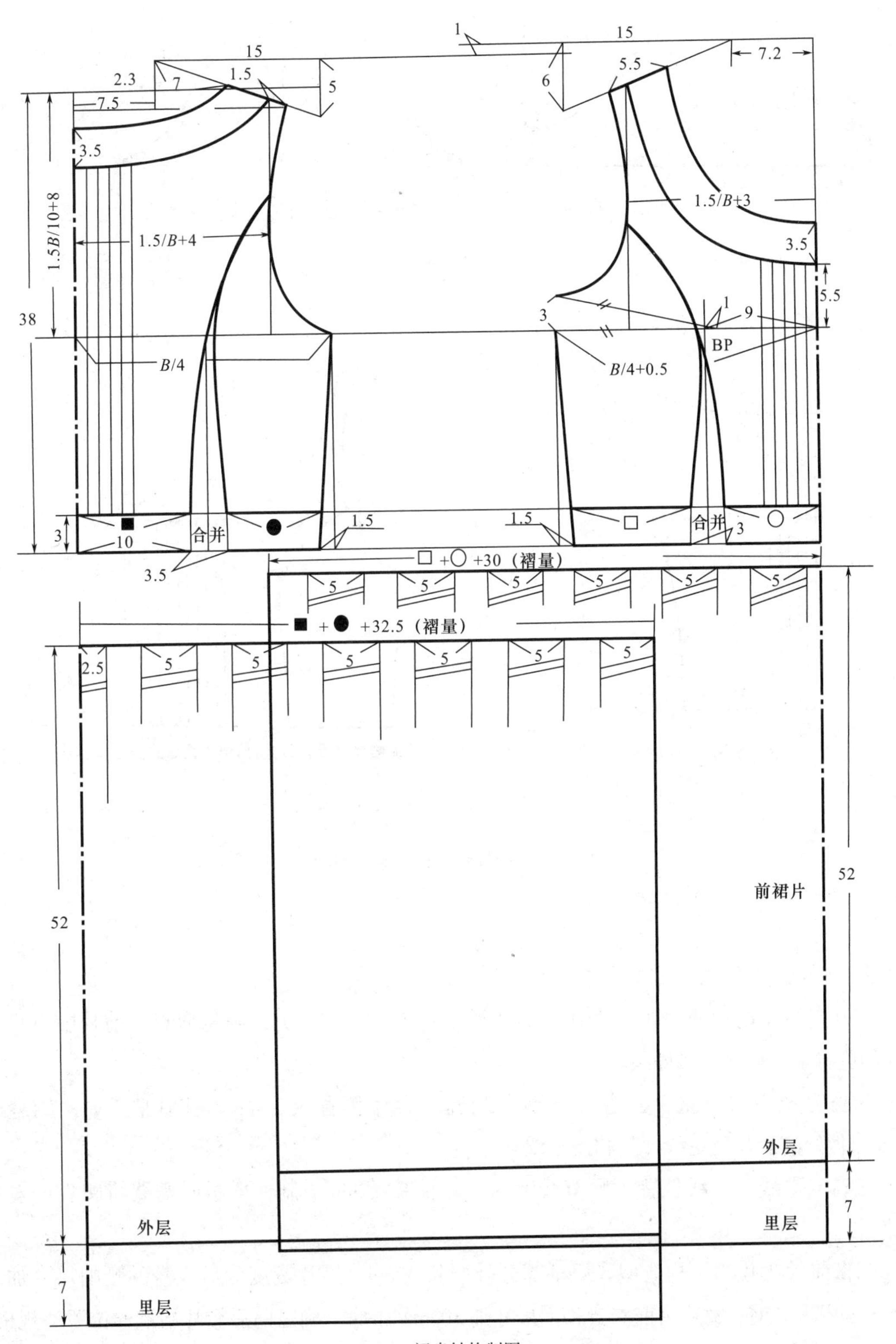

(a) 裙身结构制图

图3-18

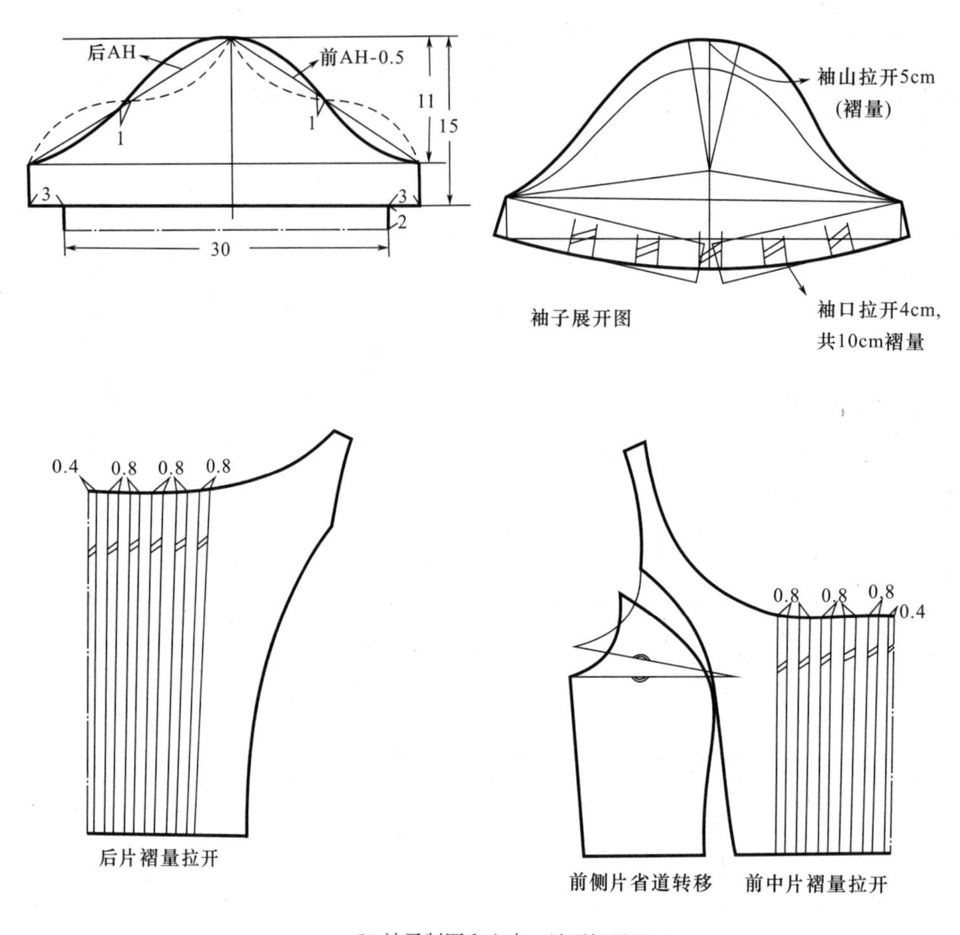

(b) 袖子制图和衣身、袖子褶量展开

图3-18 圆领短袖连衣裙结构图

贴条宽 3.5cm，如图画顺领口弧线。

④确定裙子的前胸宽（1.5*B*/10+3）和后背宽（1.5*B*/10+4），确定肩点，前片腋下设置 3cm 的胸省量，画顺袖窿弧线。

⑤确定腰围收省量、公主线分割和侧缝。后片腰省收 3.5cm，前片收 3cm，侧缝收 1.5cm，做好前后片公主线分割和侧缝线。

⑥确定腰线分割线位置为腰节线上 3cm，腰带宽 3cm，制作样板时需要将腰省的量合并掉。

⑦做前后裙片的结构造型。裙子部分外层长 52cm，后片宽度为后衣身的腰围尺寸加上 32.5cm 的褶量；前片宽度为前衣身腰围尺寸加 30cm 的褶量；确定前后裙片褶裥的位置和规格。里层裙长比外层长 7cm。

⑧袖子制图，取袖山高为 11cm，前后袖山斜线长分别为前 AH−0.5 和后 AH，如图 3−18

画顺袖山弧线；袖口取袖条宽为2cm，长为30cm。

⑨根据款式特点，将袖子沿着袖中线和袖肥线剪开，袖山拉开5cm褶量，袖口拉开4cm褶量（连同比袖条多出来的6cm余量，共10cm褶量），在袖口设置5个褶裥，每个大2cm。

⑩前侧片做好省道的合并与转移；根据款式特点，前后中各缉褶裥11个，每个褶裥的拉开量为0.8cm，完成造型结构设计。

图3-19 马甲式连衣裙效果图

（二）马甲式连衣裙造型设计

1. **款式分析**

图3-19所示为马甲式连衣裙。中性化风格，彰显职业女性的风采，采用大西装领配无袖裙身，大方简洁，腰间用腰带打结作装饰，形成X造型，腰节上分割转移多余的量，使腰臀合体，采用双排扣既能满足功能需要，又能增加西装领的领宽；下摆略带南瓜形，符合近几年的时尚流行。

2. **面料分析**

此款适合用闪光涂层面料制作，上身合体，下摆造型圆润，裙里布可采用印花面料，腰带可以用配色或者撞色，腰带面料也可以用不同材质的。涂层面料中珠光花瑶涂层更适合此款式，该面料采用涤纶75D×150D为原料，斜纹组织，在喷水织机上织造，先后经过预缩、减量、强捻、定型、染色多种工艺，再经过珠光、涤白处理，由多种工艺加工而成。因其外观闪光效果好、风格清新、穿着自如、保型不起皱、挺括而柔软等优点而被采用。由于涂层闪光面料有发散感，因此结构造型要合体。

3. **参考尺寸**（表3-2）

表3-2 马甲式连衣裙规格表 单位：cm

裙长（L）	胸围（B）	腰围（W）	后腰节长	腰带宽	领宽
92（第七颈椎点至裙摆）	88	70	38	10	10

4. **结构设计**（图3-20）

5. **结构造型设计要点**

①确定裙长、后腰节长和袖窿深20.5cm，因裙子为较合体款，考虑到人体所必需的胸凸量，

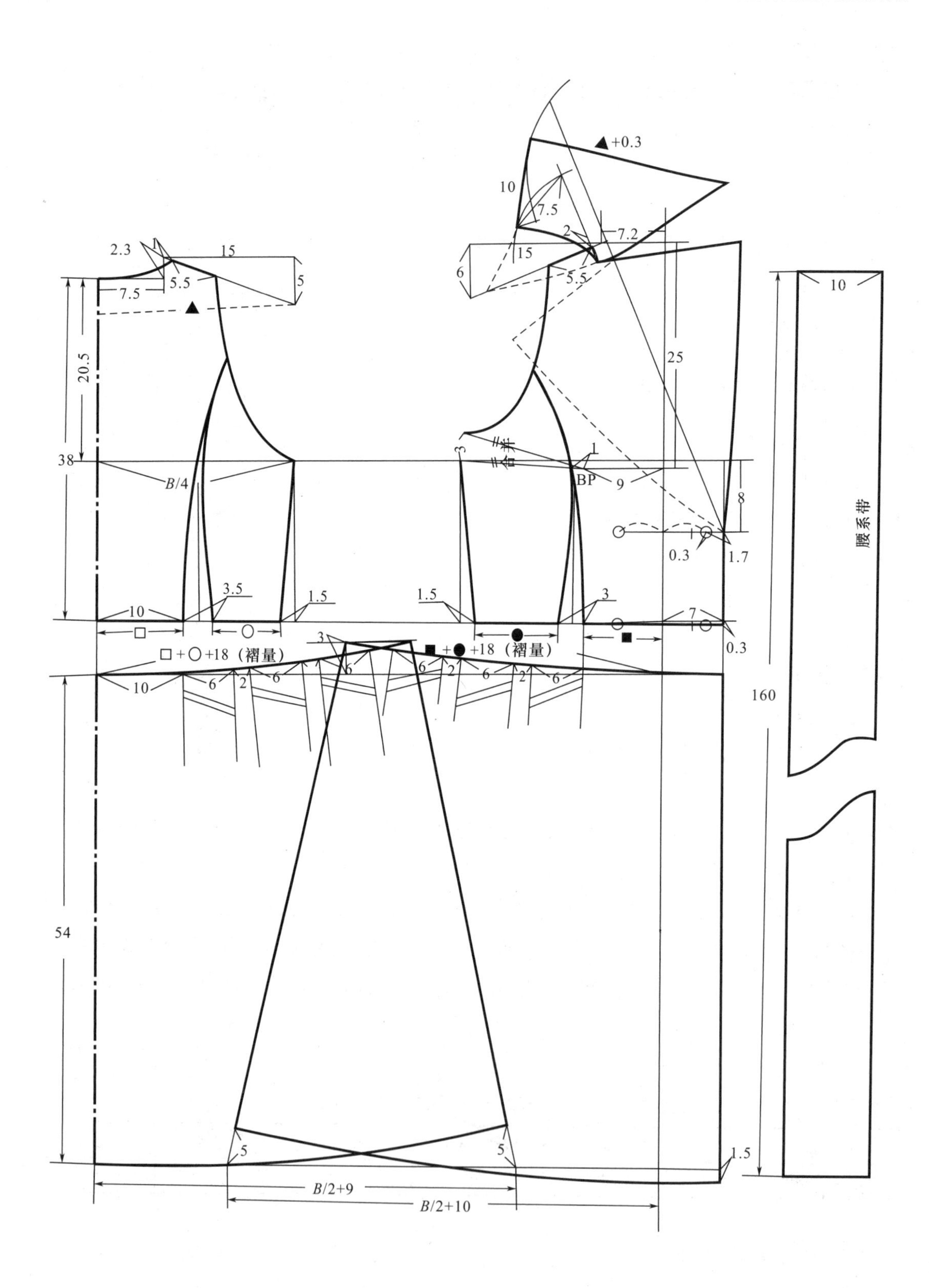

图3-20　马甲式连衣裙结构设计图

故前片在后片侧颈点的基础上抬高 1cm。

②确定前、后片胸围尺寸，后片为 $B/4$，前片为 $B/4+0.5$（0.5cm 为后片省道收掉的量），前中心双排扣的搭门宽为 7cm。

③确定领圈的横、直开领和肩线：前后横开领在基本型领圈的基础上开宽 1cm，确定肩线长为 5.5cm。

④确定裙子的袖窿弧线：前片腋下省量 3cm，连接肩点和腋下点，画好袖窿弧线。

⑤确定腰围收省量、公主线分割和侧缝，后片腰省收 3.5cm，前片收 3cm，侧缝收 1.5cm，做好前后片公主线分割和侧缝线。

⑥做前后裙片的结构造型，裙子长 54cm，后片上口长为后衣身的腰围尺寸加上 18cm 的褶量，下摆长为 $B/2+9$；前片上口长为前衣身腰围尺寸加 18cm 的褶量，下摆长为 $B/2+10$，前裙片搭门宽 7cm，下摆在裙长的基础上下落 1.5cm；确定前后裙片褶裥的位置和规格。

⑦完成腰带结构制图：腰带长 160cm，宽 10cm。

⑧领子结构造型：a. 以胸围线下 8cm 确定翻折止点与肩线延长线延长出 2cm 的点连接形成翻折线；b. 根据效果图中领子的造型，先在翻折线左侧画出同效果图的领子造型，然后以翻折线为对称轴对称；c. 测量领外围线与肩线交点到侧颈点的距离，在后肩线上找到同距离的点，因领宽为 10cm，假设领座高为 3cm，则翻领宽为 7cm，成型后领外围线会盖住衣身后中线 3cm，线条“▲”即为成型后后身部分的领外围线；d. 分别以领尖点和前领口与串口线的交点为圆心，领外围线和领口弧线长为半径，画圆弧；e. 找到两条圆弧线的公共切线，取领宽 10cm，画顺领口弧线和领外围线（注意领口弧线和领外围线与领后中线垂直）。

⑨确定门襟的扣眼位置和纽扣位置，完成造型结构设计。

（三）学生装连衣裙造型设计

1. 款式分析

图 3-21 为学生装连衣裙。该款式整体造型呈小 A 字形，小方领配泡泡袖，造型活泼可爱，下摆断开抽碎褶并做双层摆以增加裙摆的垂感，产生节奏美感；

图3-21　学生装连衣裙效果图

腰间做细带装饰，腰带的长度根据实际需要确定，可长可短，长带可在腰间多缠绕一圈，增加装饰效果，此款是大中学校学生较好的款式选择。

2. **面料分析**

本款式最佳制作面料为全棉高密府绸，成衣水洗后柔软舒适；也可用针织弹力全棉布制作，舒适贴体，下垂感好，褶皱自然流畅；全棉巴厘纱也适合此款式。巴厘纱是一种用平纹组织织造而成的稀薄透明织物，因透明度好，又称玻璃纱。其特点是：经纬均采用细特精梳强捻纱，织物中经纬密度比较小，由于“细”“稀”，再加上强捻，使织物稀薄透明。巴厘纱所用原料有纯棉和涤棉。织物中经纬纱，或均为单纱，或均为股线。按加工方式不同，巴厘纱有染色巴厘纱、漂白巴厘纱、印花巴厘纱、色织提花巴厘纱等。巴厘纱织物的质地稀薄，手感挺爽，布孔清晰，透明透气。如果选用巴厘纱制作，最好用双层或者加裙里布。

3. **参考尺寸**（表3–3）

表3–3 学生装式连衣裙规格表 单位：cm

裙长（L）	胸围（B）	后腰节长	肩宽（S）	袖长（SL）	袖口（CW）
84（第七颈椎点至裙摆）	90	38	38	16	29

4. **结构设计**（图3–22）

5. **结构造型设计要点**

①确定裙长、后腰节长和袖窿深 1.5*B*/10+7.5~8，考虑到人体所必需的胸凸量，故前片在后片侧颈点的基础上抬高 1cm。

②确定前、后片胸围尺寸，均为 *B*/4。

③确定领圈的横、直开领和肩线：前后横开领在基本型的基础上加宽 2cm，后直开领在基本型的基准上加深 1cm，前片直开领深 11cm，画顺前后领围线；取后片肩宽为 *S*/2，前片的肩线长与后片相等，画顺肩线。

④确定裙子的前胸宽（1.5*B*/10+3）和后背宽（1.5*B*/10+4），前片腋下设置 2.5cm 的胸省量，画顺袖窿弧线。

⑤侧缝下摆在胸围线的基础上延长出 4cm，连接侧缝线，画顺下摆弧线。

⑥确定前后育克的分割线，后片从后中下落 10cm，前片在胸围线的基础上往上 7cm 画育克分割线，在靠近袖窿的位置略起翘，后片在袖窿处收 0.3~0.5cm 的省量。

⑦确定裙身分割线，从腰节线下 16cm 作裙身的横向分割，侧缝处起翘 1cm，画顺弧线。

⑧腰系带和门襟的宽度均为 2cm，腰系带长 85cm，门襟长度图示。

⑨袖子结构造型设计，取袖山高为 12cm，前后袖山斜线长分别为前 AH–0.5 和后 AH–0.2，画顺袖山弧线，袖身的袖口大同袖肥；袖口取袖条宽为 2cm，长为 29cm。

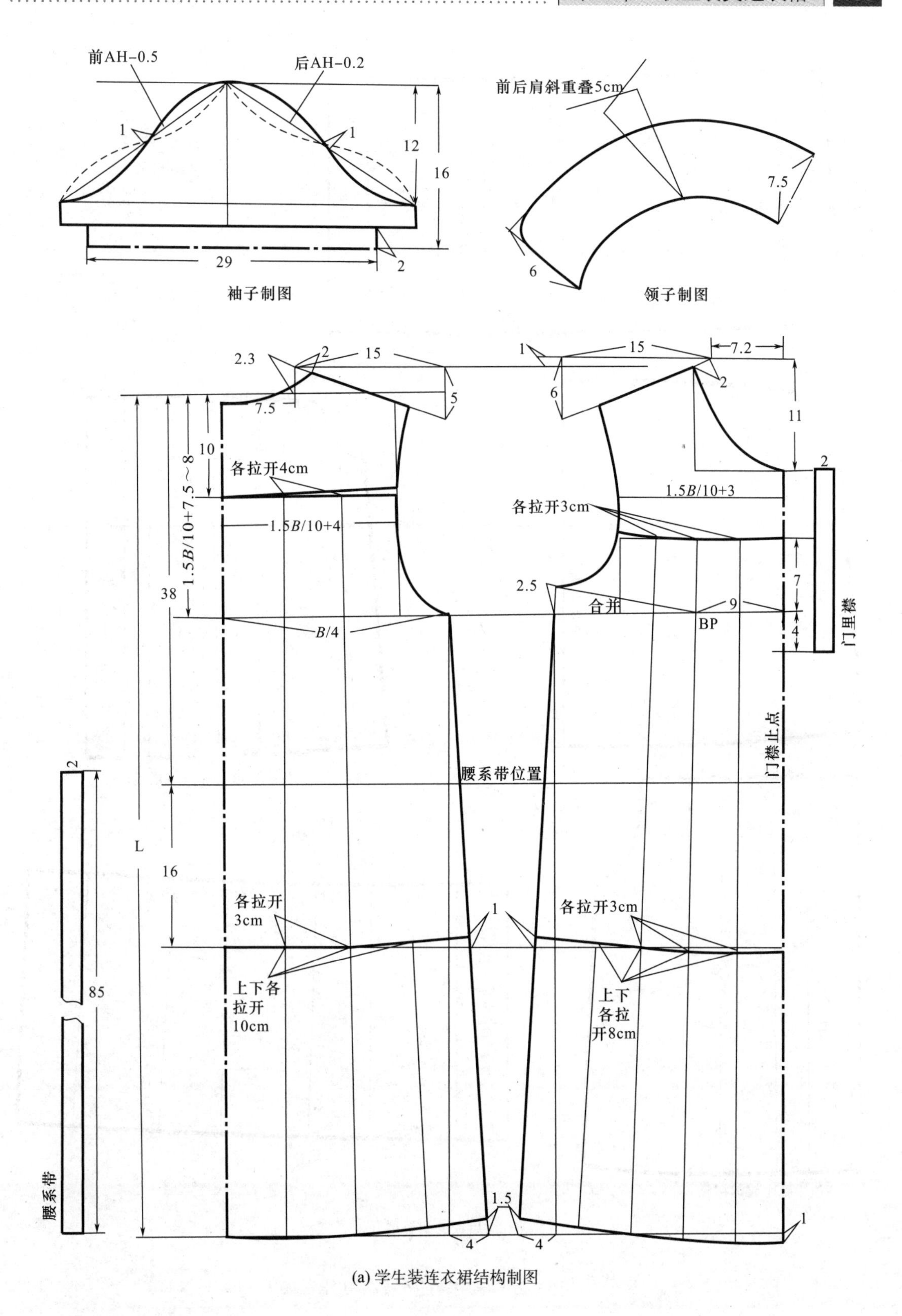

(a) 学生装连衣裙结构制图

图3-22

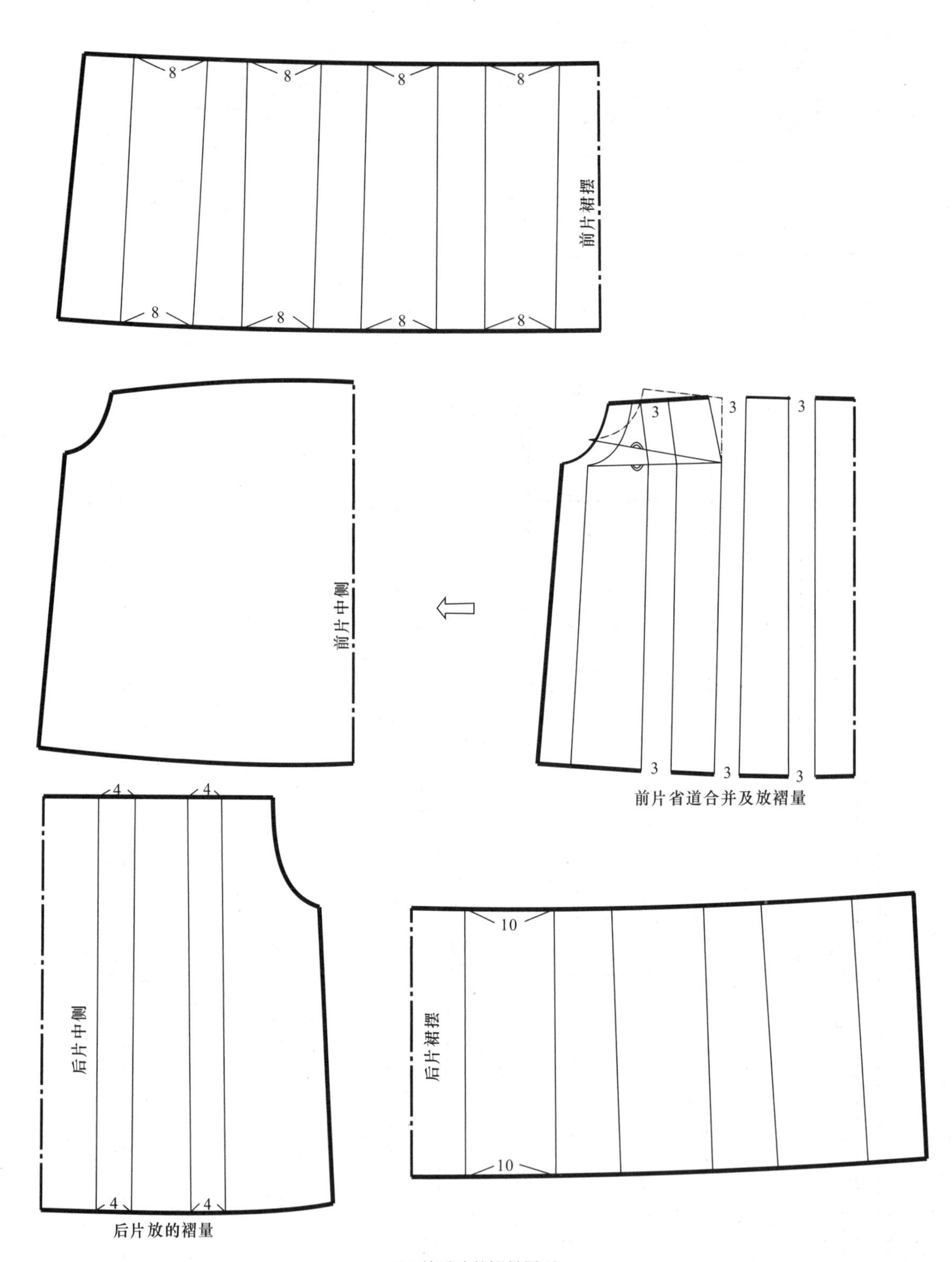

(b) 前后片的褶量展开

图3-22　学生装连衣裙结构图

⑩领子结构造型设计，将衣身的前后肩线以侧颈点为基准重叠 5cm，取后领宽 7.5cm，领角宽 6cm，画顺领口弧线和领外围线。

⑪做好衣身和裙身的褶量拉开，完成裙子的造型结构设计。

二、礼仪型连衣裙设计实例

（一）节日礼仪连衣裙造型设计

1. *款式分析*

图 3-23 所示为节日礼仪连衣裙。此款式连衣裙适合各种礼仪活动时着装，V 字领，肩部结带，既可以作装饰也可以起固定作用，上身做珠片刺绣装饰，胯部用带作装饰，裙下摆采用不等长形式，前短后长，具有古罗马褶皱的风格，走动时裙摆层层叠叠，摇曳中尽显着装者的妩媚。

图3-23　节日礼仪连衣裙效果图

2. *面料分析*

此款用真丝面料制作为好，真丝有透气性和垂悬感好等特点，但容易起皱，也容易老化而使色彩变得暗淡；近年来由于纺织科学技术的发展，仿丝绸面料越来越多，如仿丝绸中的顺纡绉也是可选的面料。顺纡绉经纬主要成分以涤纶 FDY 为主体，既有 75D×75D，还有 75D×100D 和 100D×100D，打线左右倍捻，然后再经蒸烘退捻的特殊整浆工艺。织物结构采用平纹变化，尤其是喷水织造适应丝的高捻度，在前道经纬强捻的条件下，染整收缩后经纬丝扭曲，布面绉感明显，成品富有自然伸缩，交织点有牢固、不易松动、撕裂的特点，布面留有透孔点，如纱麻风格，产品除了具有柔软、滑爽、透气、易洗的优点外，舒适性更强、悬垂性更好。面料既可染色又可印花、绣花、烫金等，尽显典雅气质，是制作衬衫、裙装等理想时尚面料。

3. *参考尺寸*（表3-4）

表3-4　节日礼仪连衣裙规格表　　单位：cm

上衣长	裙长	胸围（B）	后腰节长	肩带宽
48~50（第七颈椎点至分割线）	112（后中）	84	38	4

4. **结构设计**

（1）粘贴标示线

①确定人台，一般用中号人台，检查基本标示线是否完整。

②根据效果图粘贴裙子领口线（前中按胸围线偏下5cm，后中按胸围线偏下3cm）、袖窿线（肩点偏进2.5cm，腋下按基本袖窿）和下摆线（腰围线偏下10~12cm，前中略低），要求线条前、侧、后粘贴圆顺（图3-24）。

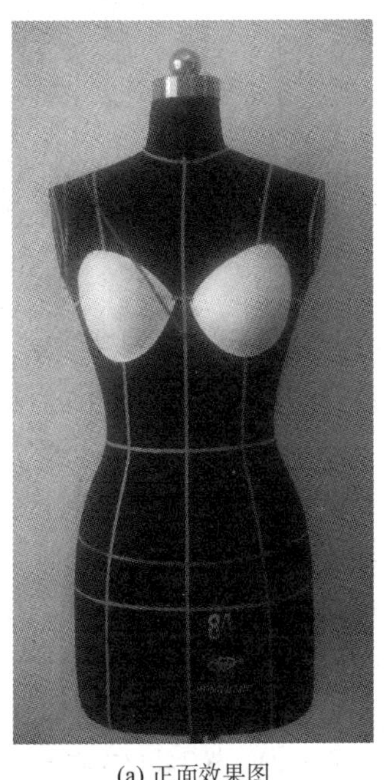

(a) 正面效果图

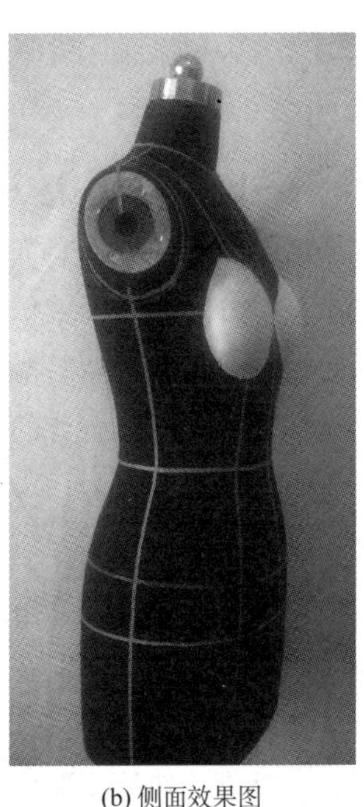

(b) 侧面效果图

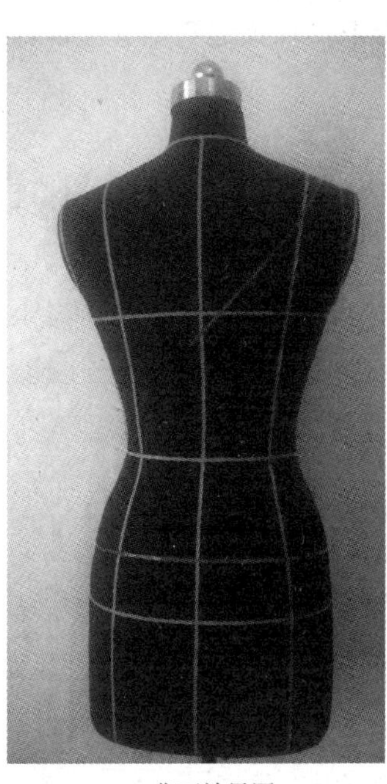

(c) 背面效果图

图3-24　领口、袖窿造型线的标记

（2）衣身前片造型

①取布、整理坯布。取前中片的坯布长为前衣长加上10cm左右余量，宽度为2倍的前胸宽加上10cm左右余量；前侧片的坯布长为前衣长，宽度为公主分割线至侧缝线的宽度加8cm余量。熨烫坯布，让布丝的经纬线垂直，同吊带式休闲连衣裙，在坯布样画出前中心线、胸围线和腰围线（图3-25）。

②将前中片坯布的胸围线、腰围线和前中心线与人台的对应线对合固定［图3-26（a）］。抚平人台右侧坯布的领口、肩部和袖窿，将坯布的浮余量推至胸围线附近，按人台上的标示线修剪坯布，留1~2cm缝份。根据款式特点，在坯样上贴出公主线分割的标示线，粘贴时注意将胸围线附近的浮余量归缩，按所粘贴的公主线修剪坯布，留1~2cm缝份，并在腰节线打一剪口至所贴公主线，完成前中片造型［图3-26（b）］。

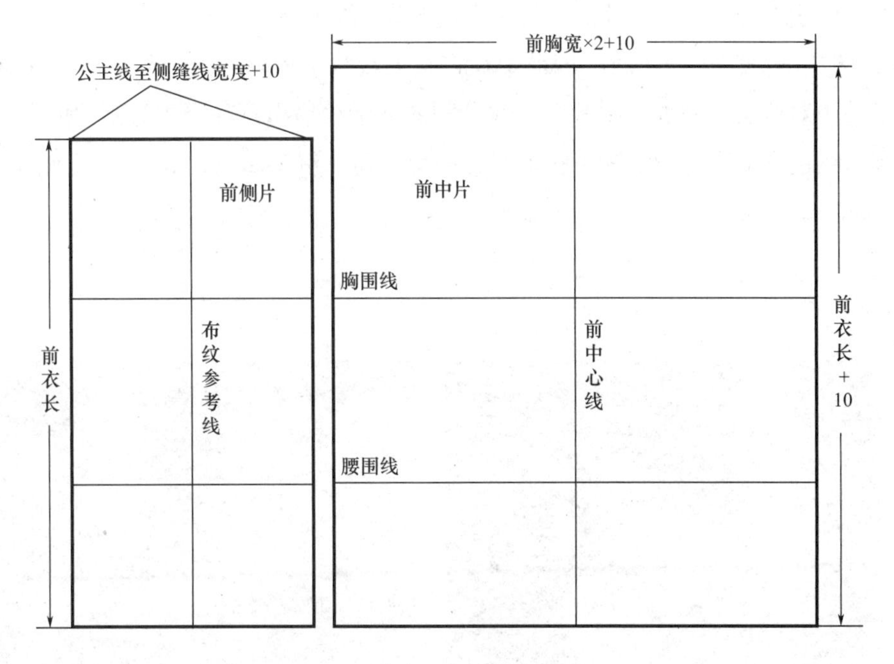

图3-25 前身坯布选取和标示

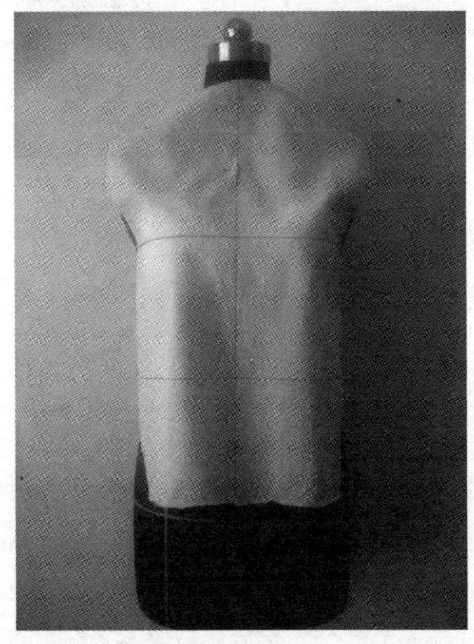

(a) 固定前中片坯布

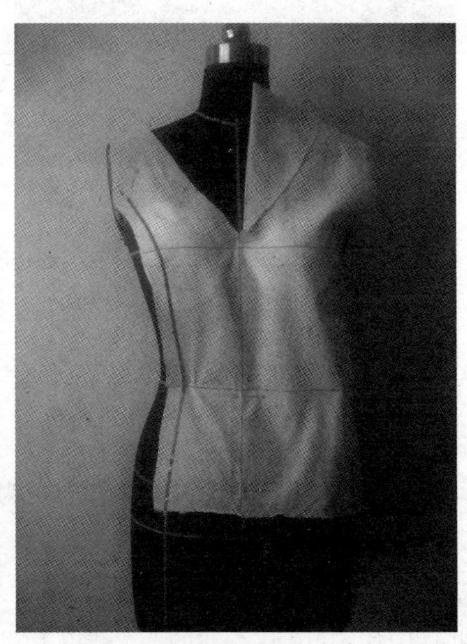

(b) 领口、公主线的造型

图3-26 前中片造型

③将前侧片坯布的布纹参考线对应人台的公主线和侧缝线的中心，胸围线和腰围线分别与人台的相应线对合，注意侧片的布纹参考线与地面保持垂直，然后贴合人台固定［图 3–27（a）］；侧片的分割线操作时，同前中片在腰节线打一剪口，腰节线以上采用盖别法，腰节线以下采用对合法，根据前中片公主线分割的标示线描出侧片公主分割线的点，根据人台上所贴标示线描出袖窿、侧缝和下摆的点，修剪坯布，留 1~2cm 缝份，完成前侧片造型［图 3–27（b）］。

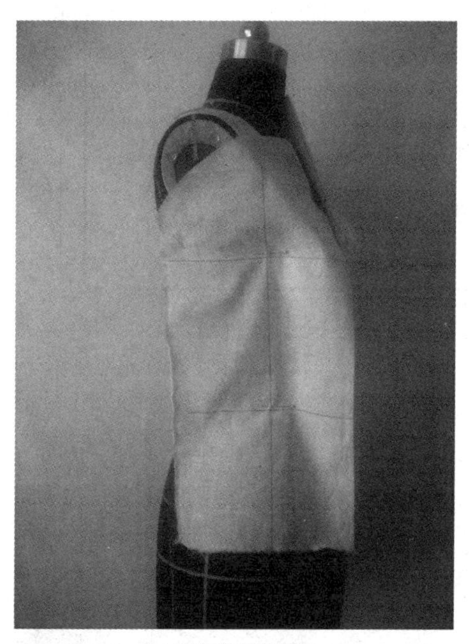

(a) 固定前侧片坯布

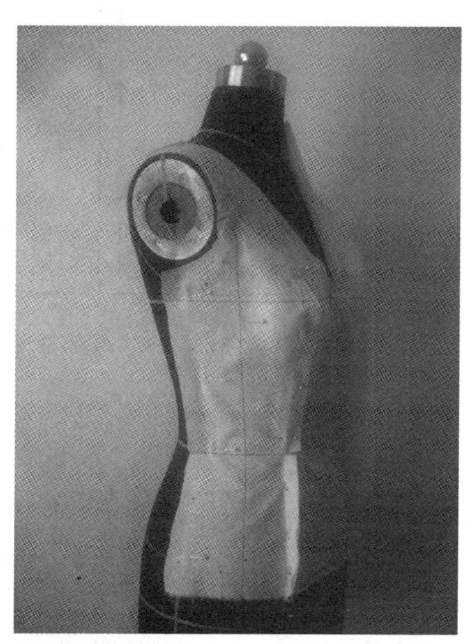

(b) 袖窿、公主线的造型

图3–27 前侧片造型

（3）衣身后片造型

①取布、整理坯布。取后中片的坯布长为后衣长加上 10cm 左右余量，宽度为后背宽加上 10cm 左右余量；后侧片的坯布长为后衣长，宽度为公主分割线至侧缝线的宽度加 8cm 余量。坯布的整理和画线方法同前片，后中片距后中线 5cm 画一布纹参考线，如图 3–28 所示。

②将后中片坯布后中心线的背宽线以上部分与人台贴合，然后使布纹参考线垂直地面，胸围线、腰围线与人台的对应线对合后，固定坯布，后中线会自然产生一腰省量［图 3–29（a）］。抚平人台右侧坯布的领口、肩部和袖窿，按人台上的标示线描点，修剪坯布，留 1~2cm 缝份。公主线操作同前中片，完成后中片造型［图 3–29（b）］。

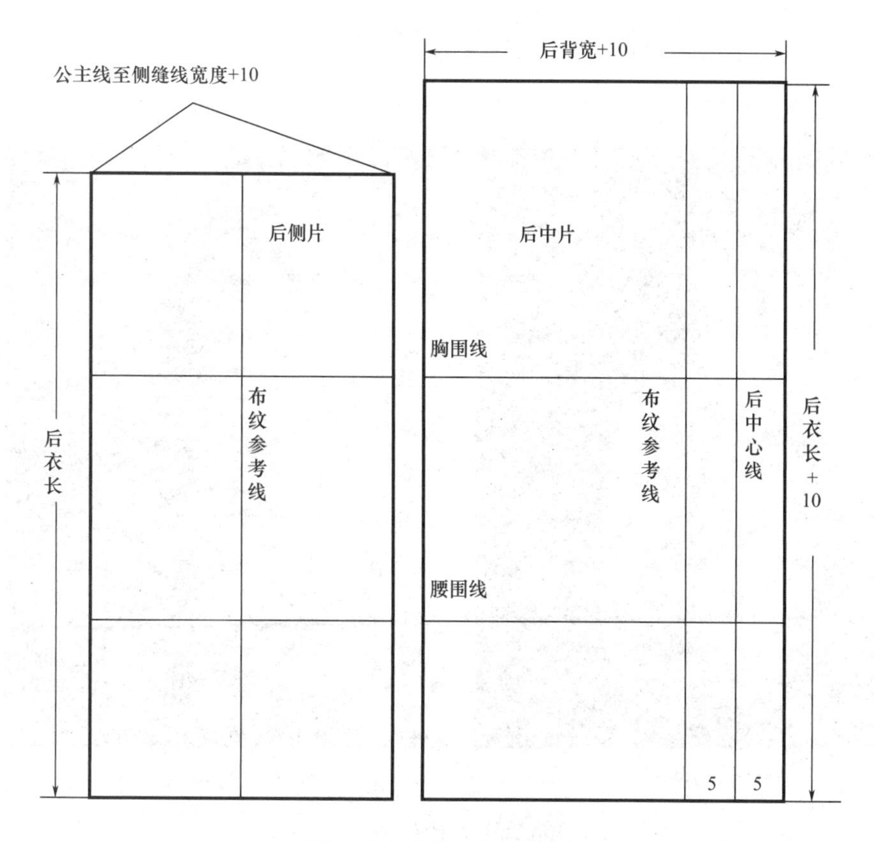

图3-28　后身坯布选取和标示

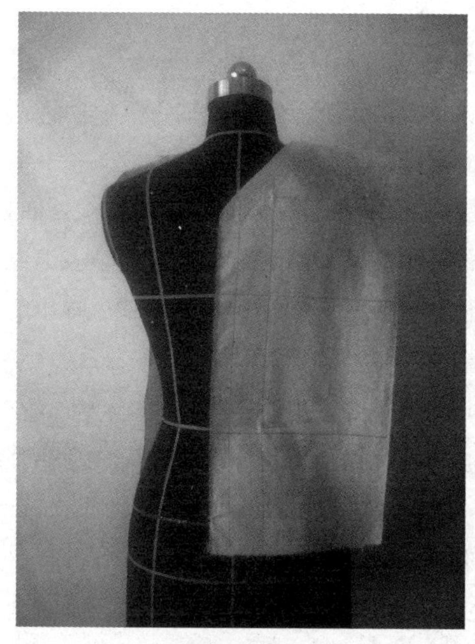

(a) 固定后中片坯布

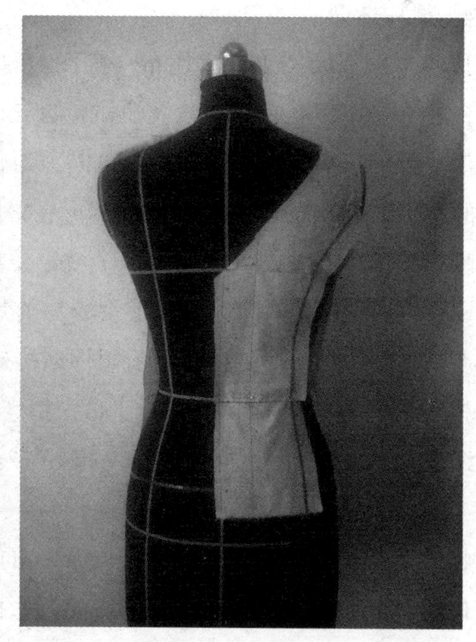

(b) 领口、公主线的造型

图3-29　后中片造型

③同前侧片的操作方法，完成后侧片造型（图 3-30）。

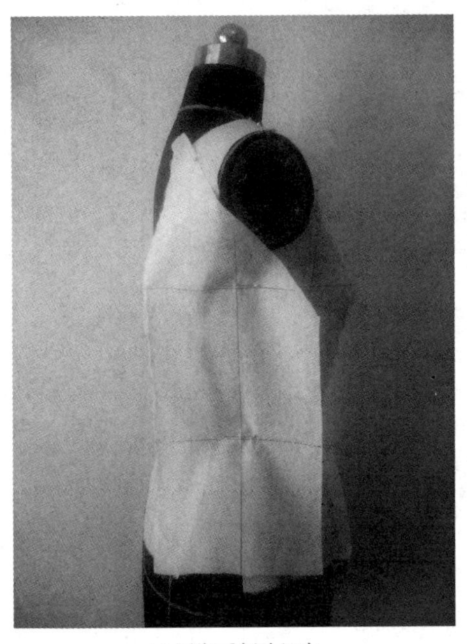
(a) 固定后侧片坯布

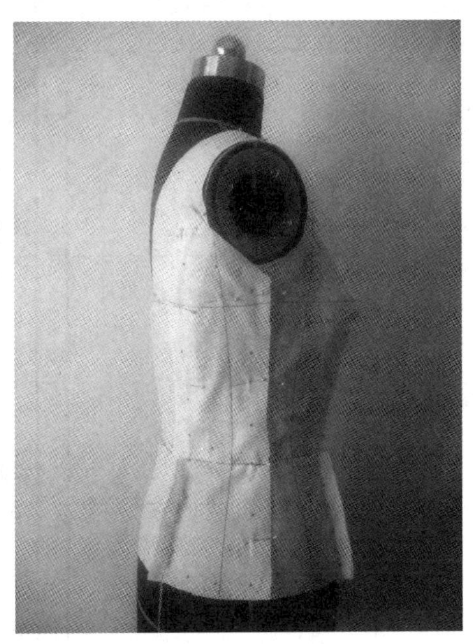
(b) 袖窿、公主线的造型

图3-30 后侧片造型

（4）裙片造型

①按坯布幅宽取长 250cm 坯布，将长度的中心线（上口约留出 30cm 从上衣下摆线开始对准人台的中心线，向右侧立裁波浪裙：首先确立波浪位置（双针斜插），横向剪切面料至第一波浪位置（留缝份 1~2cm），再纵向剪对位记号；然后一手持布旋转，另一手辅助控制波浪量的大小，设置波浪，波浪量的确定可在臀围线上用手捏来感知；接着将腰线处面料提平，继续沿腰线波浪用布与人台确立第二个波浪位置，用交叉针固定，设置第二个波浪量；依次类推，设置波浪至侧缝时，侧缝波浪量应为前几个量的 1/2；最后确定侧缝线，描出与衣身拼合线的点；左侧按右侧对称，完成前裙片结构造型［图 3-31（a）］。

②按坯布幅宽取长为 140cm 的坯布，将坯布长度方向其中一边上口留出 30cm 左右从上衣下摆线开始对准人台的中心线，向右侧立裁波浪裙，操作方法同前片，完成后裙片结构造型［图 3-31（b）］。

③将前裙片左侧的波浪量按衣身公主线的位置捏合，对合固定［图 3-32（a）］；修剪裙子上口线，顺延衣身分割线留 1~2cm 缝份往下修剪 30~35cm 并水平剪掉上口的余量［图 3-32（b）］；将修剪出的 30~35cm 的量抽褶，完成后长约 12~15cm［图 3-32（c）］。

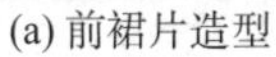
(a) 前裙片造型　　(b) 后裙片造型

图3-31　裙身造型

(a) 捏合左前侧波浪量　　(b) 修剪上口余量　　(c) 抽褶造型

图3-32　左裙身褶位及褶量造型

④将水平剪剩的部分波浪量上提与裙片抽褶的分割线别合，整理布片形成几层重叠的造型，按款式的下摆特点修剪下摆，抽褶分割处裙片长约35cm，后中长约112cm，注意下摆弧线的圆顺（图3-33）。

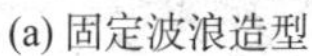

(a) 固定波浪造型　　(b) 下摆造型修剪

图3-33　左裙身波浪及下摆造型

（5）整理裁片

①把立裁坯样从人台上拿下，整烫平整，确保经纬线垂直，然后留相应的缝份剪去多余的坯布，标出纱向线、对位记号等（图 3-34）。

②按照右侧的裁片拷贝前后中片、前后侧片和后裙片。

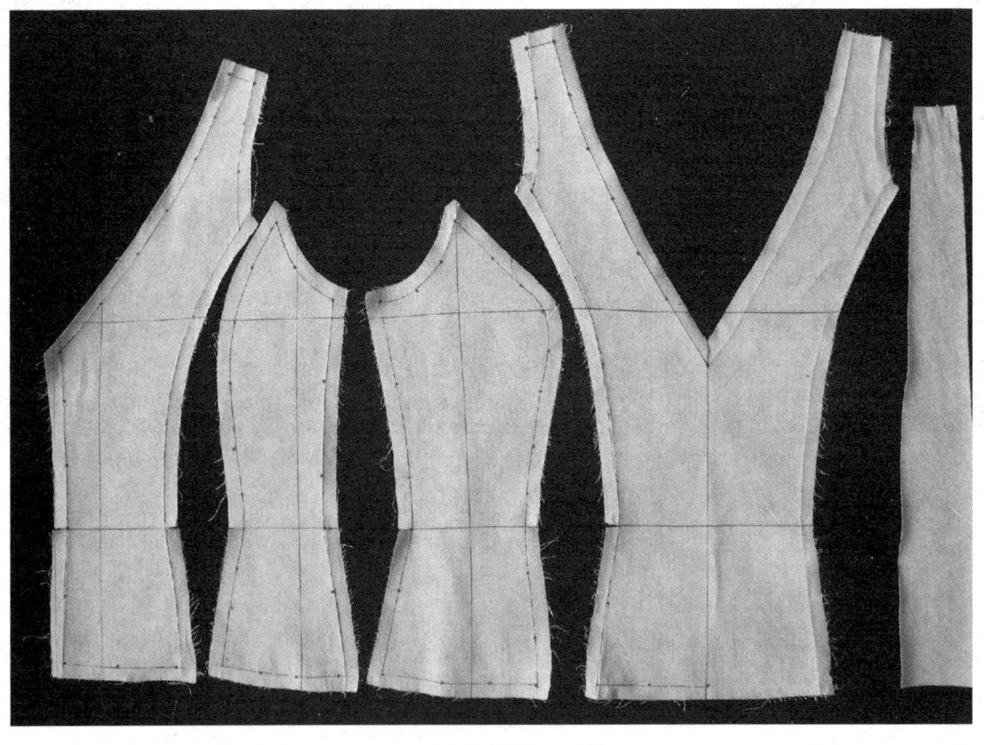

(a) 衣身裁片

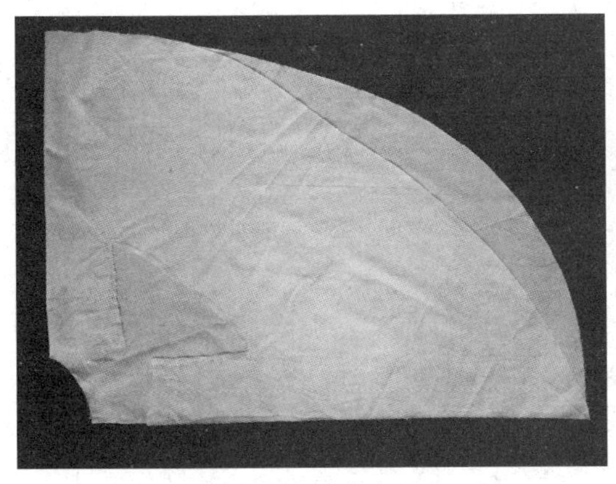

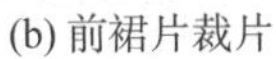

(b) 前裙片裁片

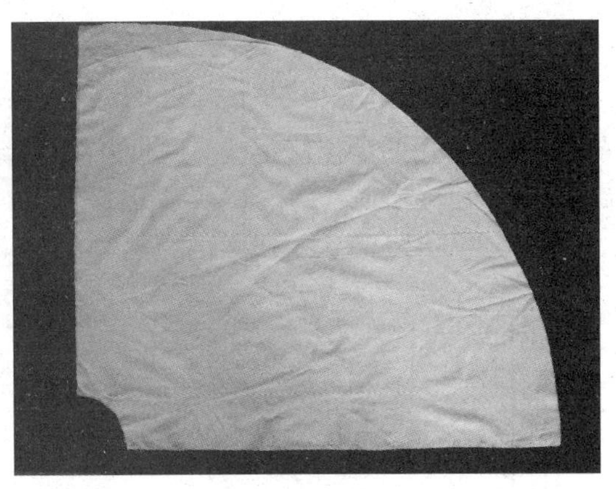

(c) 后裙片裁片

图3-34 裁片平面展开图

（6）试样修正

将整理好的裁片重新别合（前后衣片的肩缝接入40cm的飘带），再穿到人台上观察效果，前裙片分割处用抽缩的花装饰。检查成品与设计稿的款式、规格及细节的设计等是否相符，如不相符合，则在人台上进行修正，并做好记号。图3-35为节日礼仪连衣裙的成品效果。

(a) 正面成型效果图

(b) 侧面成型效果图

(c) 背面成型效果图

图3-35 节日礼仪连衣裙成品图

（7）复制样板

将所有裁片取下，包括修正好的裁片，放到样板纸上，将裁片拷贝成样板，在拷贝的过程中将需要修正的部位修正好，并做好纱向线、裁片名称、对位标记等样板标示，完成节日礼仪式连衣裙的造型结构设计（图 3-36）。

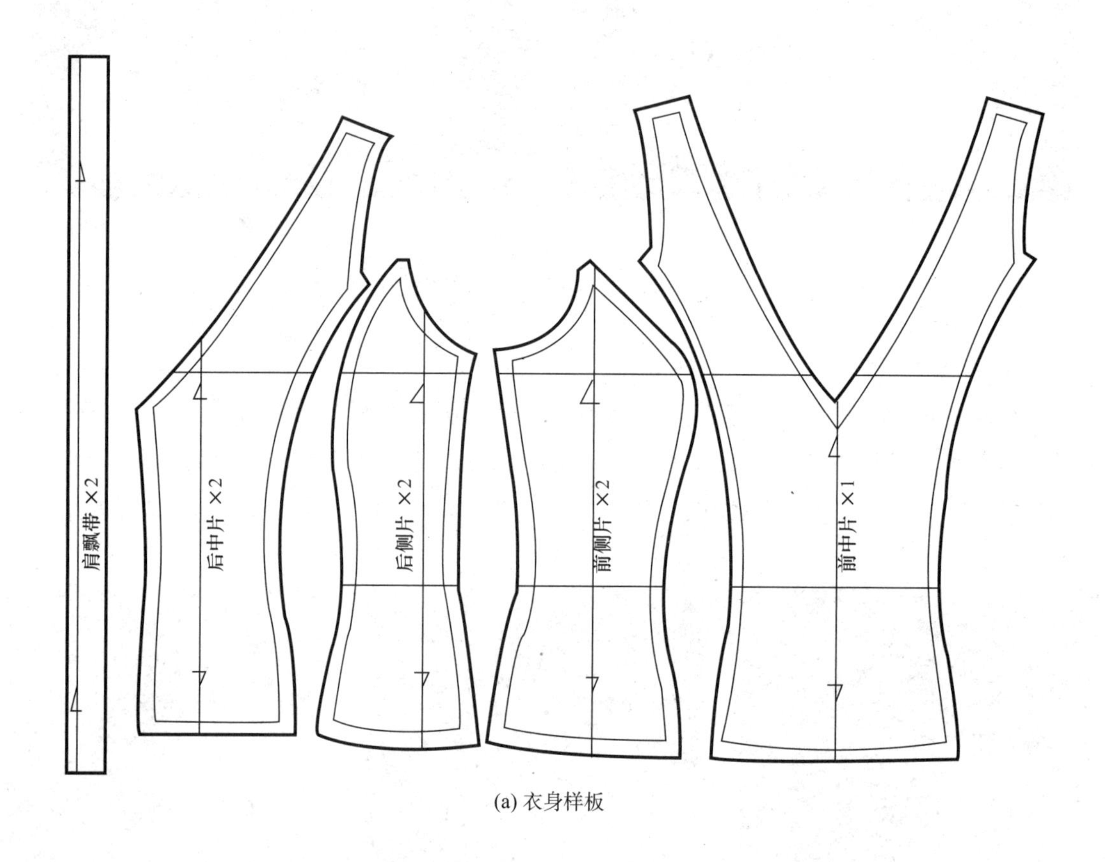

(a) 衣身样板

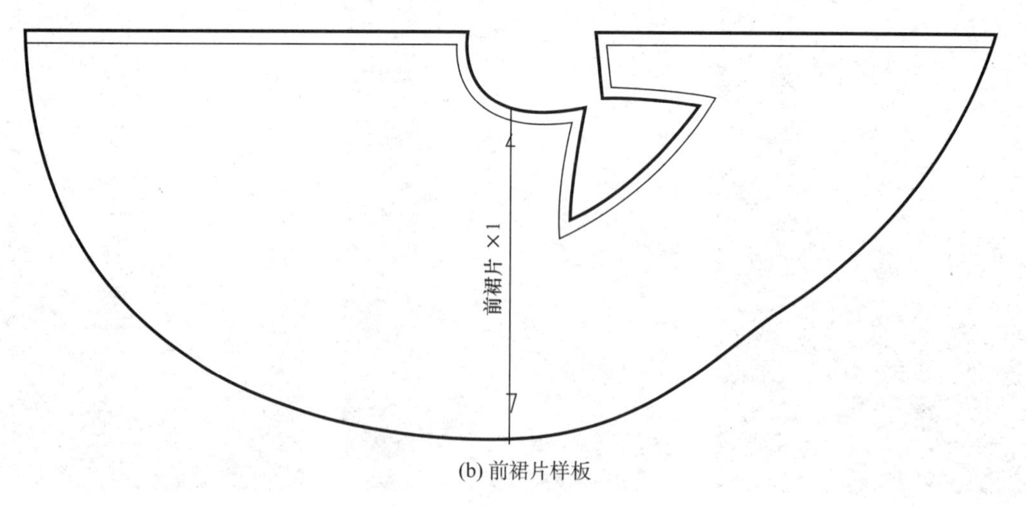

(b) 前裙片样板

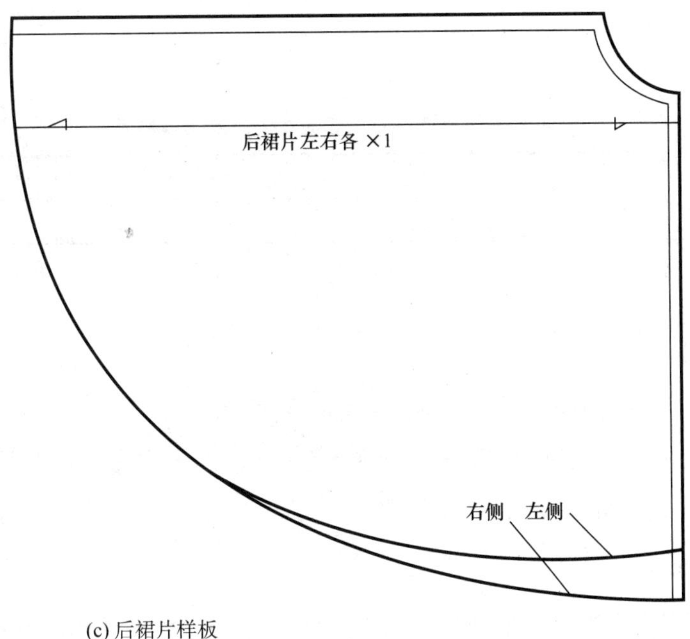

(c) 后裙片样板

图3-36　节日礼仪连衣裙平面纸样

(二)宴会礼仪连衣裙造型设计

1. **款式分析**

图 3-37 所示款式为宴会礼仪连衣裙，适合宴会组织方服务人员迎宾、送客时穿着。该款式简洁明了，主要采用褶皱悬垂的方法和不对称分割的方法来表现款式的造型；领口和腰线打破常规的平行裁剪而采用斜裁，下摆拼接处以相反的方向斜裁，用不对称形式表达，优美的流线型裁剪，是宴会时比较理想的着装。

2. **面料分析**

该款用真丝素绉缎制作较为理想，素绸缎属丝绸面料中的常规面料，亮丽的缎面尽显高贵，手感滑爽，组织密实。该面料的缩水率相对较大，下水后光泽有所下降，在工艺上要注意这点，或者可以先预缩再缝纫；弹力素绸缎也是很好的选择，该面料成分为 93%~97%桑蚕丝，3%~5%氨纶，属交织面料，其特点是弹性好、舒适，缩水率相对较小，风格独特。除此面料外，仿丝绸类也是较好的选择，均能体现款式的风格。

图3-37　宴会礼仪连衣裙效果图

3. 参考尺寸（表3-5）

表3-5 宴会礼仪连衣裙规格表

单位：cm

裙长（L）	胸围（B）	腰围（W）	后腰节长
150~160（第七颈椎点至下摆）	84	70	38

4. 结构设计

（1）粘贴标示线

①确定人台，一般用中号人台，检查基本标示线是否完整。

②根据效果图的领口、袖窿和下摆造型在人台上粘贴相应的领口线、袖窿线和下摆线，要求线条前、侧、后粘贴圆顺，如图3-38所示。

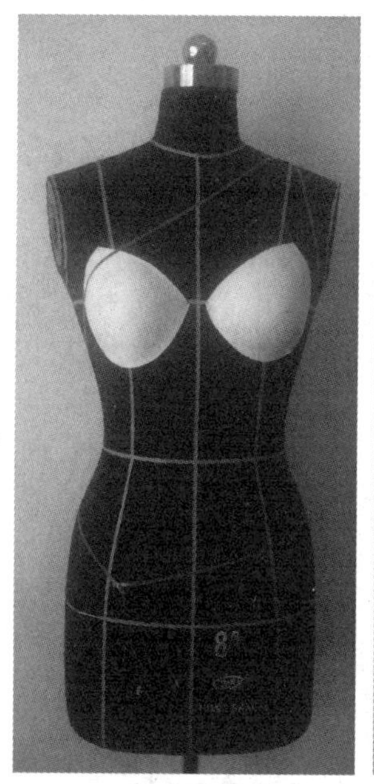

(a) 正面效果图图

(b) 右侧面效果图

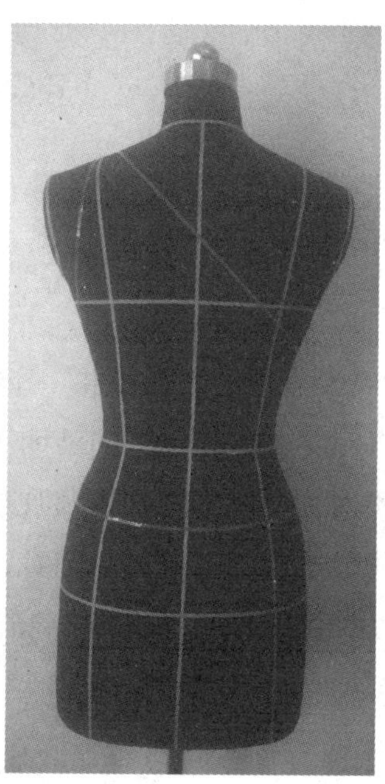

(c) 背面效果图

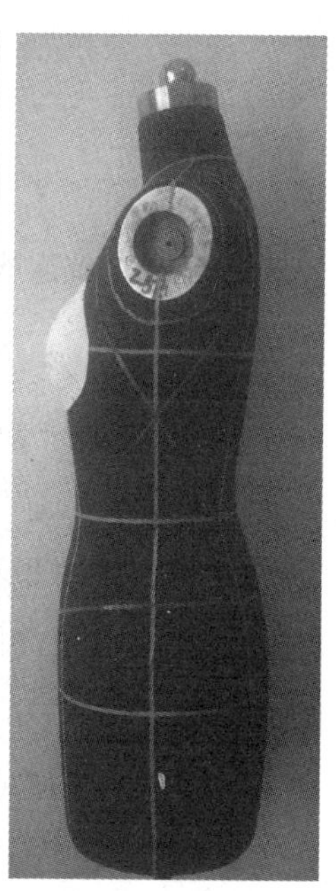

(d) 左侧面效果图

图3-38 裙子上胸围、袖窿造型线的标记

（2）衣身前片造型

①取布、整理坯布。取前片的坯布长为衣长（肩最高点至下摆最低点的距离）加上10cm左右余量，宽度为胸围的$\frac{1}{2}$加上10cm左右余量。熨烫坯布，让布丝的经纬线垂直，同吊带式

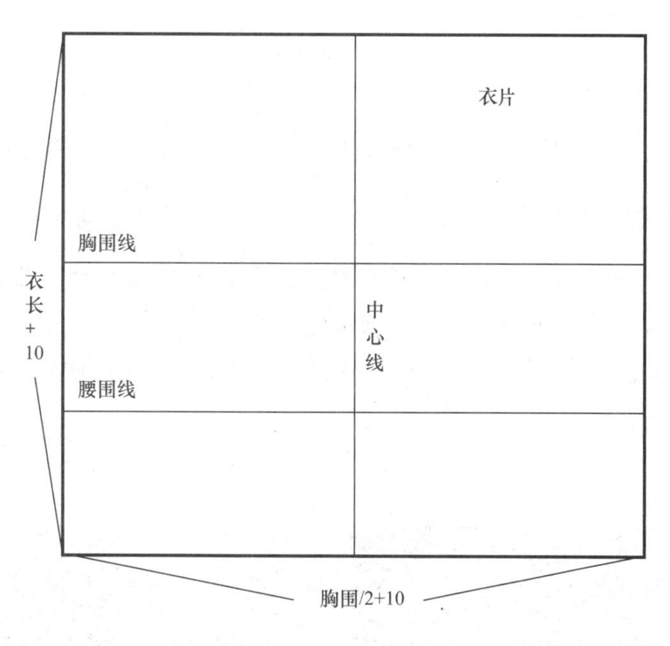

图3-39　衣身坯布选取与标识

休闲连衣裙，在坯布样画出前中心线、胸围线和腰围线。如图 3-39 所示。

②将前片坯布的胸围线、腰围线和前中心线与人台的对应线对合，固定前中心线，如图 3-40（a）；适当修剪领口和袖窿，将胸围线以上部分坯布抚平，坯布的浮余量全部推至腰省附近，如图 3-40（b）；左右两侧作相同操作，将多余的量对合捏成腰省，根据所粘贴的轮

(a) 固定坯布

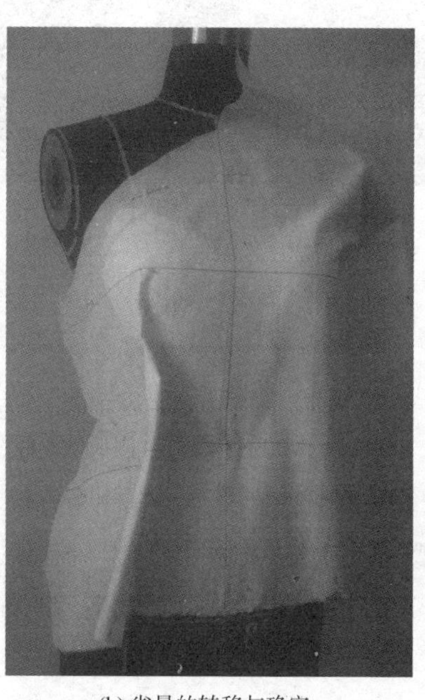
(b) 省量的转移与确定

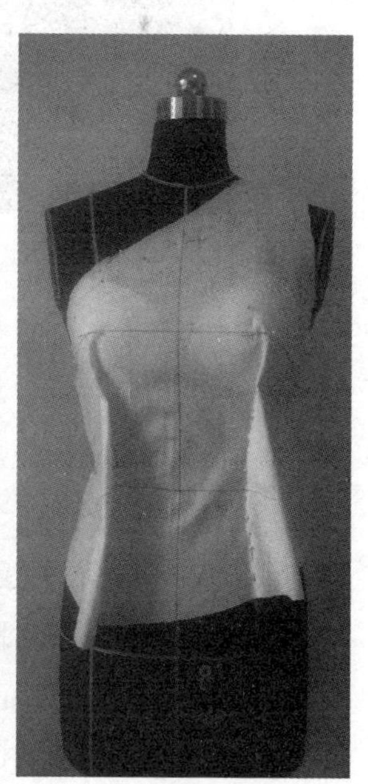
(c) 前片造型

图3-40　前衣身造型

廓线描点，修剪坯布余量，留 1~2cm 缝份，完成前片造型。如图 3–40（c）所示。

（3）衣身后片造型

①取布、整理坯布。取后片的坯布长为后衣长（肩最高点至下摆最低点的距离）加上 10cm 左右余量，宽度胸围的$\frac{1}{2}$加上 10cm 左右余量；坯布的整理和画线方法同前片。

②将后片坯布后中心线、胸围线、腰围线与人台的对应线对合，然后固定后中线［图 3–41（a）］；适当修剪领口和袖窿，将背宽线以上部分坯布抚平，将坯布的浮余量全部推至腰省附近，左右两侧做相同操作，将多余的量对合捏成腰省，根据所粘贴的轮廓线描点，修剪坯布余量，留 1~2cm 缝份，完成后片造型［图 3–41（b）］。

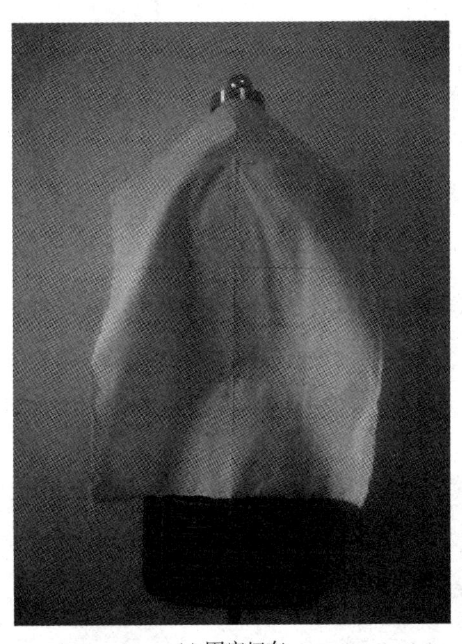

(a) 固定坯布

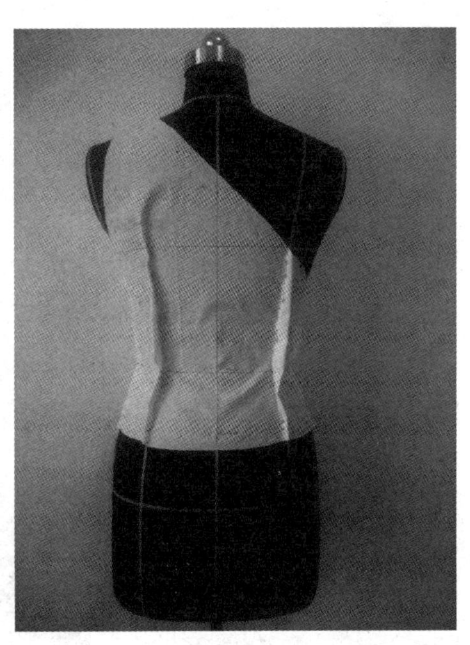

(b) 后片造型

图3–41　衣身后片造型

（4）裙片造型

①按坯布幅宽取长 150cm 坯布，将布片以前衣身下摆右侧腰省位为起点（上口留出 40~50cm），围上衣下摆线一圈至前衣身下摆左侧腰省位（图 3–42）。

②顺延前衣身左侧腰省的斜度在裙片上捏褶，长度约 20cm，捏褶时尽量拉紧布片，使布片紧裹臀围［图 3–43（a）］。根据效果图的款式造型用标记带贴出整个裙摆，修剪多余的量，留 1~2cm 缝份［图 3–43（b）、（c）］。

③按效果图在整个裙摆上做波浪边，波浪边的操作方法同节日礼仪波浪裙。波浪边的宽窄按效果图，逐渐变窄至后裙摆右侧缝消失（图 3–44）。

(a) 前侧裙片坯布固定

(b) 固定裙片坯布于衣身并修剪余量

图3-42　裙片坯布固定

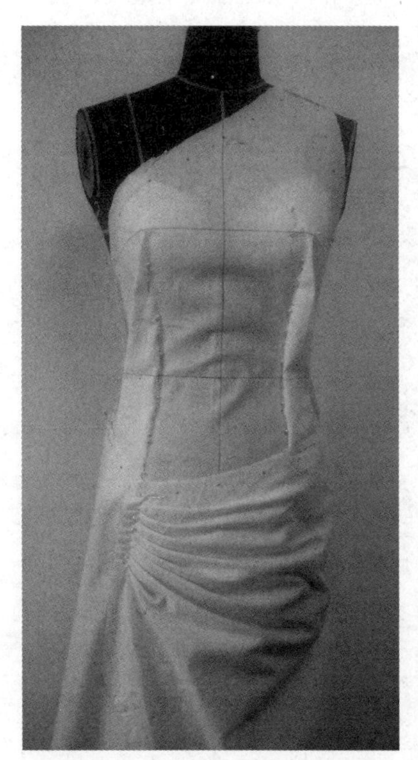

(a) 前侧裙片捏褶

(b) 前侧下摆造型

(c) 后侧下摆造型

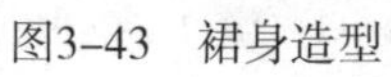

图3-43　裙身造型

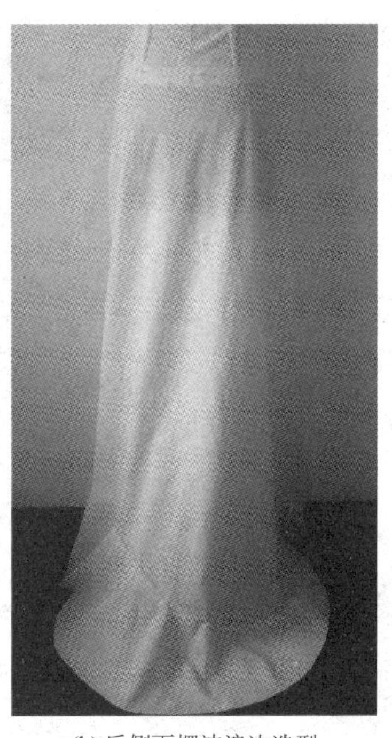

(a) 前侧下摆波浪边造型　　(b) 后侧下摆波浪边造型

图3-44　裙子下摆波浪边造型

（5）领口与左肩造型

①按效果图领口有一斜条装饰，将一根宽度 14~15cm 的斜丝绺长条别合在领口线，别合时裹紧领口（图 3-45）。

②如图 3-45 所示，做好肩部飘带装饰。

(a) 前领口、飘带造型　　(b) 后领口、飘带造型

图3-45　领口、飘带造型

（6）整理裁片

把立裁坯样从人台上拿下，整烫平整，确保经纬线垂直，然后留相应的缝份，剪去多余的坯布，标出纱向线、对位记号等（图 3–46）。

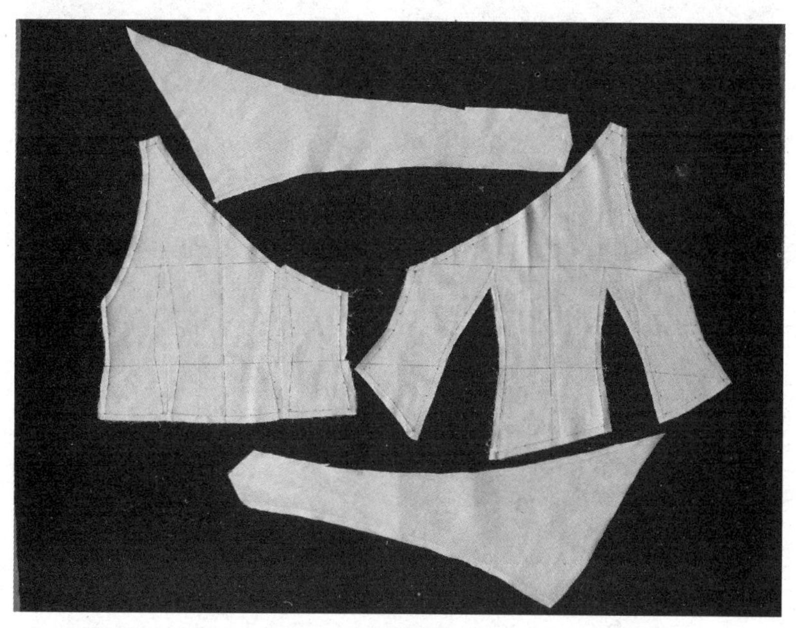

(a) 衣身裁片

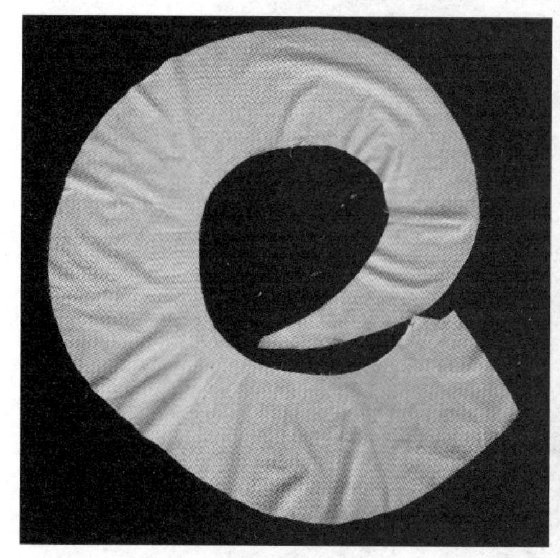

(b) 下摆波浪裁片

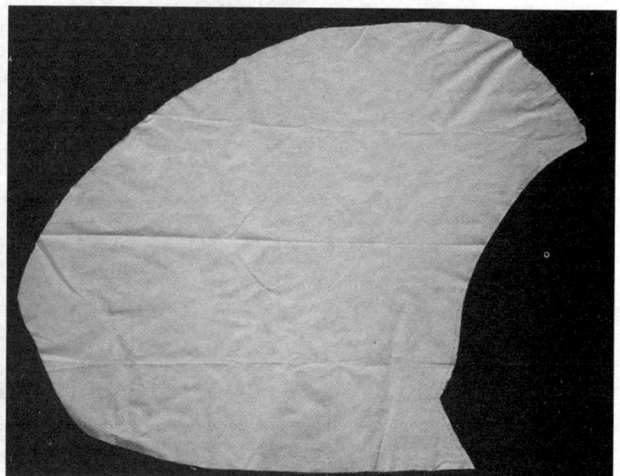

(c) 裙子裁片

图3–46　裁片平面展开图

（7）试样修正

将整理好的裁片重新别合（领口夹装装饰条，肩缝夹装飘带），再穿到人台上观察效果。同节日礼仪连衣裙一样，检查成品效果并修正。图 3–47 为宴会礼仪连衣裙的成品效果。

(a) 正面成型效果图

(b) 左侧成型效果图

(c) 右侧成型效果图

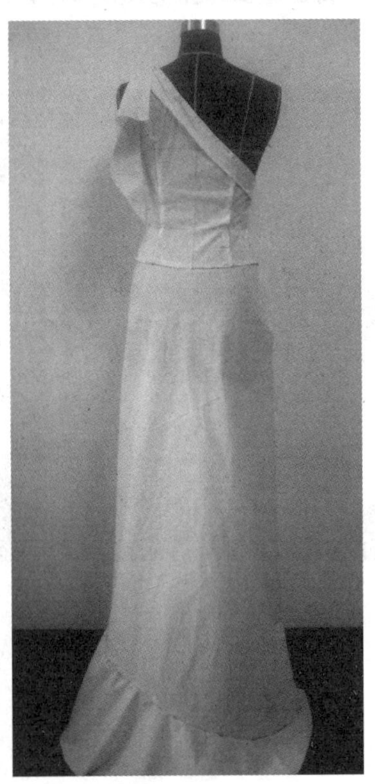

(d) 背面成型效果图

图3-47 宴会礼仪连衣裙成品图

（8）复制样板

将所有裁片取下，包括修正好的裁片，放到样板纸上，将裁片拷贝成样板，在拷贝的过程中将需要修正的部位修正好，并标记好纱向线、裁片名称、对位标记等样板标示。完成宴会礼仪连衣裙的造型结构设计（图 3-48）。

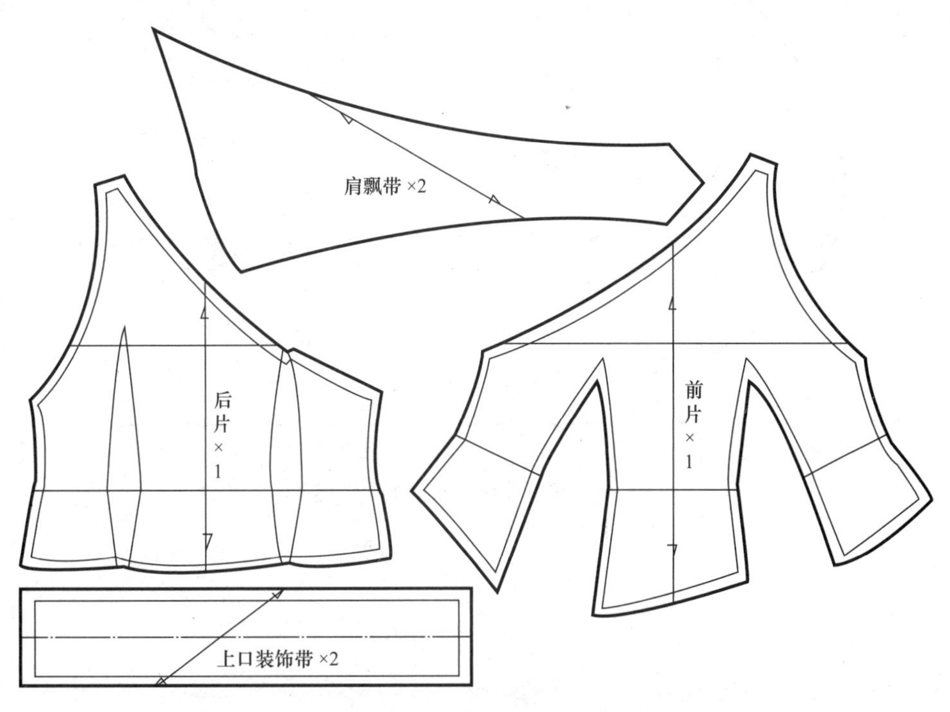

(a) 衣身样板

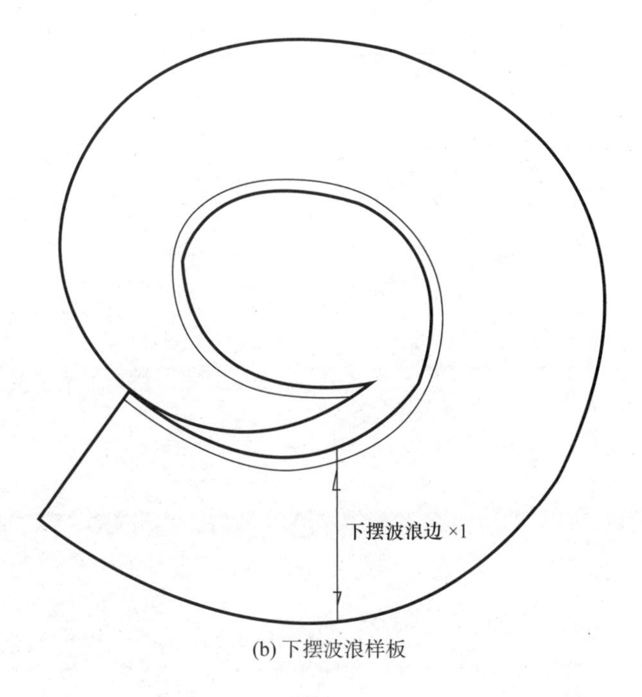

(b) 下摆波浪样板

图3-48

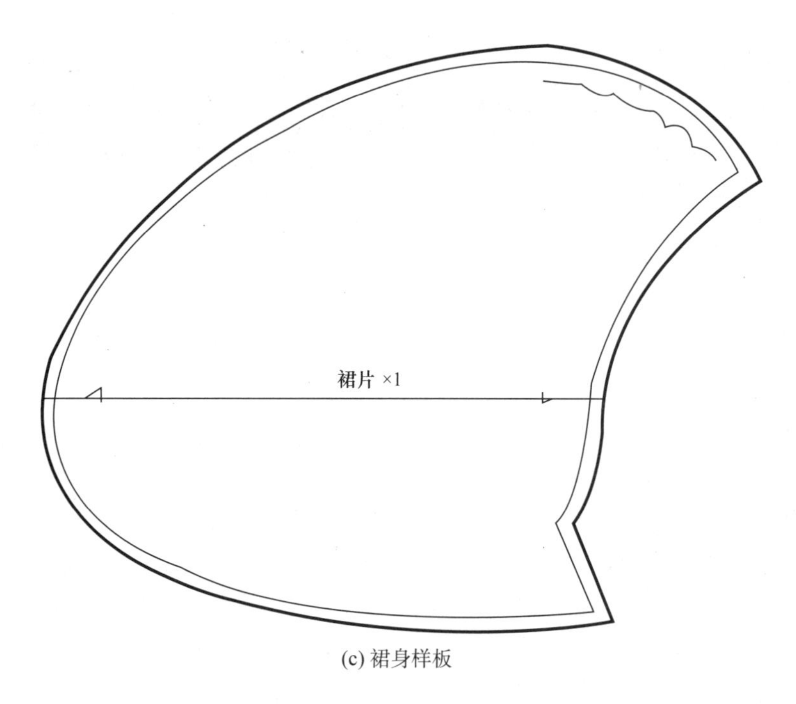

(c) 裙身样板

图3-48 宴会礼仪连衣裙平面纸样

第四章 晚礼服类连衣裙

晚礼服类连衣裙也可称为准礼服或小礼服，是活跃于当代较正式的服装，随着我国经济增长和全球一体化时代的来临，中西合璧、洋为中用、古为今用的穿越时空的着装效果随处可见，由于晚礼服类的穿着场合限制和跨文化借鉴设计，已经很难区分他的类别和风格，因此，晚礼服类连衣裙只能从文化渊源上去区分，可以分为中式晚礼服连衣裙和西式晚礼服连衣裙。

中式晚礼服连衣裙脱胎于中国传统的礼服，设计师们以历代传统礼服为灵感源进行设计，大胆创新，形成了多种风格的中式晚礼服的连衣裙，结合当代流行趋势，借鉴时装类连衣裙的结构设计，中式连衣裙时装化的程度逐渐增大。如在 2013 年春节期间由巴黎中国文化中心与中外文化交流中心合办的“欢乐春节 · 中国风格”时尚发布会在位于塞纳河畔的巴黎中国文化中心举行，推出了由北京服装学院教师楚艳发布的“楚和听香”系列 29 套服装，其中较多的款式以连衣裙为主。该系列设计灵感主要来自中国传统文化和生活方式。虽然没有具象的中国图案与造型，但由她设计的衣裙在图案和色彩中体现出中国写意抽象之美。服装全部由棉、麻、毛、丝等天然材料制作，许多图案由设计师手绘而成，染料从蓝草、栀子、五倍子、苏木、石榴皮等天然植物中萃取，蕴含人与自然和谐共生的理念。中国青年设计师在展示中国传统文化的同时，借鉴法国、意大利等国的设计风格和裁剪方式，与现代服装时尚密切结合，形成了具有特色的中式晚礼服。

西式晚礼服连衣裙确切的定义应该就是小礼服的一种，为了迎合当代女性社交的需要，西式晚礼服连衣裙沿袭了晚礼服的高贵、奢华和热烈的风格，又兼顾了当代女性的甜美、可爱和职业的特点，在设计中强调女性窈窕的腰肢，夸张臀部以下裙子的重量感，肩、胸、臂的充分展露，为华丽的首饰留下表现空间。如：低领口设计，以装饰感强的设计来突出高贵优雅，有重点地采用镶嵌、刺绣，领部细褶、花边、蝴蝶结、玫瑰花，给人以古典、性感、华丽的视觉效果等。

第一节　晚礼服类连衣裙典型款式

一、中式晚礼服连衣裙典型款式

（一）著名设计师和品牌中式晚礼服连衣裙实例

东北虎（NE·TIGER）品牌以中式晚礼服为主打产品，2014 春夏“大元”高级定制华服发布会再次恢弘呈现（图 4–1）。东北虎品牌从元曲、元青花、元图腾等艺术中汲取创作灵感，

图4–1　东北虎2014年（NE·TIGER–2014）华服发布会中式晚礼服式连衣裙
（图片来源：http://www.netiger.com/Vision.html）

使得华夏艺术瑰宝与西方时尚设计相容共生。色彩以清淡雅致的蓝、白为基调，辅以重拾文明记忆的五大国色（黑、红、蓝、绿、黄），将元代特有的刚健秀逸、兼容并蓄之美发挥得淋漓尽致。面料以“寸锦寸金”的珍贵云锦及缂丝为材，更创新结合丝绒、蕾丝。

东北虎品牌的 2013 年春夏高级定制华服发布会以“华·宋”为主题，延续了“贯通古今、融汇中西”的品牌精神，将宋代淡雅高贵、简洁婉约的服饰文化与 2013 年国际流行趋势精妙融合，将观众带入琴音禅境的同时，也引领着国服文化的新时尚，展示了华服设计和珍贵的服饰工艺所能承载的文化内涵［图 4-2（a）、（b）］。

(a)

(b)

图4-2

(c) (d)

图4-2　东北虎品牌2013年（NE·TIGER-2013）华服发布会中式晚礼服连衣裙
（图片来源：东北虎（NE·TIGER）官网）

图 4-2 的（c）、（d）两款连衣裙以传统的丝绸和烂花绒作面料，用重绣手法刺绣图案，款式借鉴了流行的连衣裙款式，高开衩打破了拘谨，充分展示了东方女性的柔美；蓝紫色的烂花绒若隐若现，层次丰富，配以金色刺绣，更显华贵，是正式场合体现东方女性庄重典雅、时尚潮流的选择。

另一个成功地诠释了中式晚礼服连衣裙的便是曾丹服饰公司的“丹贵齐芳”品牌（图4–3）。该公司有著名旗袍专家杨成贵先生加盟，由著名设计师曾丹女士领衔设计，对传统旗袍不断地进行时尚化，形成较为时尚的中式晚礼服连衣裙，改良后的中式旗袍已经成为一种新时尚，线条简洁流畅，改良旗袍显示出女性纤细、秀丽的曲线美，图案大多在中国传统纹样的基础上加以创作，采用手绘、刺绣、仿真印花等手法，使人与衣服相互映衬。

图4–3　“丹贵齐芳”中式晚礼服连衣裙
（图片来源：杨成贵官网）

（二）中式晚礼服连衣裙原创设计图稿

中式晚礼服连衣裙设计图稿见图 4-4~ 图 4-7。

图4-4　中式晚礼服连衣裙设计图稿一

图4-5 中式晚礼服连衣裙设计图稿二

图4-6 中式晚礼服连衣裙设计图稿三

图4-7　中式晚礼服连衣裙设计图稿四

二、西式晚礼服连衣裙典型款式

（一）著名设计师和品牌西式晚礼服连衣裙实例

西式晚礼服连衣裙沿袭了晚礼服与时俱进的风格，始终走在时尚的前列，为很多设计师作品中的佼佼者。如法国著名品牌薇欧芮（Vionnet）在 2014–2015 秋冬发布会上推出的以斜向剪裁和褶皱塑造的晚礼服连衣裙（图 4–8），极具古罗马风格。

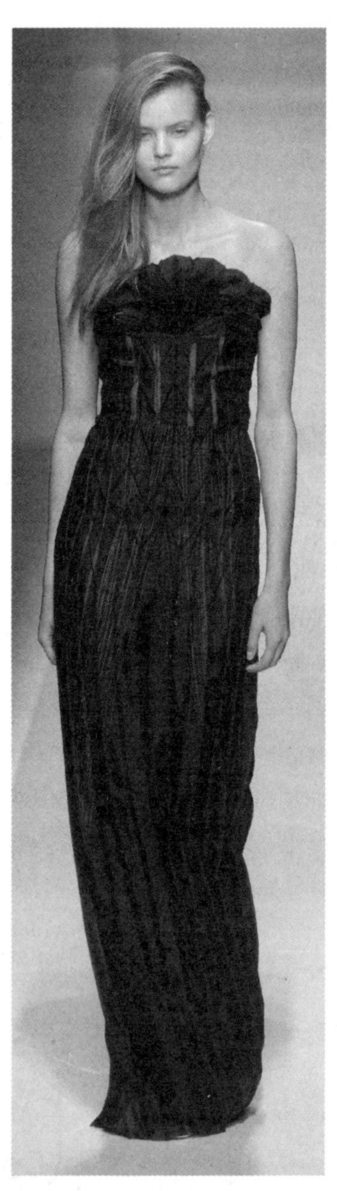

图4–8　薇欧芮2014–2015秋冬（Vionnet–A/W2014–2015）西式晚礼服连衣裙一
（图片来源：WGSN世界时尚资讯网）

薇欧芮以贴身的斜向剪裁在时尚史上留名，随后品牌几经易主，但都秉承了薇欧芮最初的风格，并对品牌发扬光大，在时尚界立于不败之地。克里斯汀·迪奥（Christian Dior）大师曾高度赞扬说："玛德琳·薇欧芮（Madeleine Vionnet）发明了斜裁法，所以我称她是时装界的第一高手。"在以后的设计中薇欧芮品牌始终强调女性自然身体曲线，反对紧身衣等填充、雕塑女性身体轮廓的方式，大胆地应用面料本身的肌理效果形成立体的褶皱，产生垂悬感较强的肌理效果（图4-9），连衣裙的设计有一气呵成的气势。

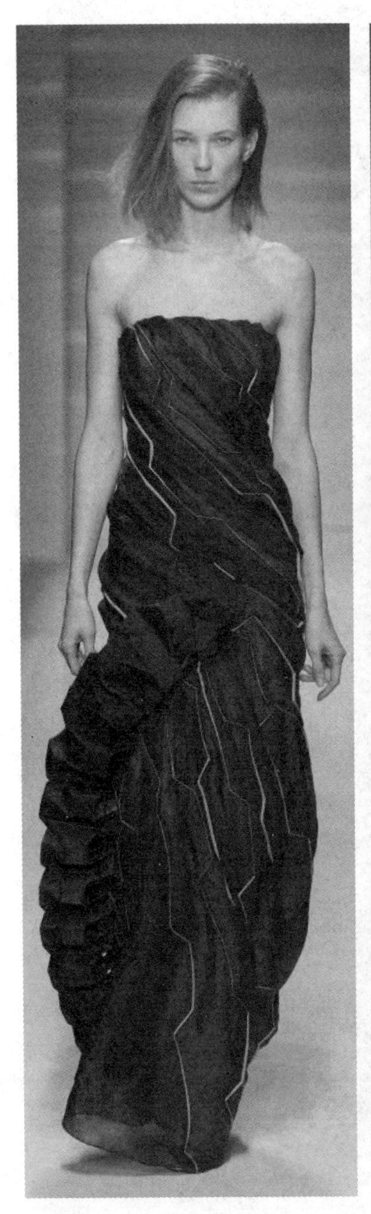

图4-9 薇欧芮2014-2015秋冬（Vionnet-A/W2014-2015）西式晚礼服连衣裙二
（图片来源：WGSN世界时尚资讯网）

图4-10也是薇欧芮品牌在2014-2015秋冬发布会上推出的作品，此两款以红色为主色调，搭配灰色纱，以罗马式褶皱为主要表现手法，经过高温定型后形成立体效果，加上薄纱面料的通透性，层叠错落，当女性穿着走动时飘然欲仙之感油然而生，让人心旷神怡。

图4-10　薇欧芮2014-2015秋冬（Vionnet-A/W2014-2015）西式晚礼服连衣裙三
（图片来源：WGSN世界时尚资讯网）

迪奥（Dior）品牌总是在小礼服系列中领先，图 4-11 是迪奥在 2014 高级定制发布会上推出的晚礼服连衣裙，白色面料使人爽心悦目，通过面料再造精心表达设计灵魂，剪裁是成就该款式的法宝之一，采用层叠设计，简洁中透出丰富。

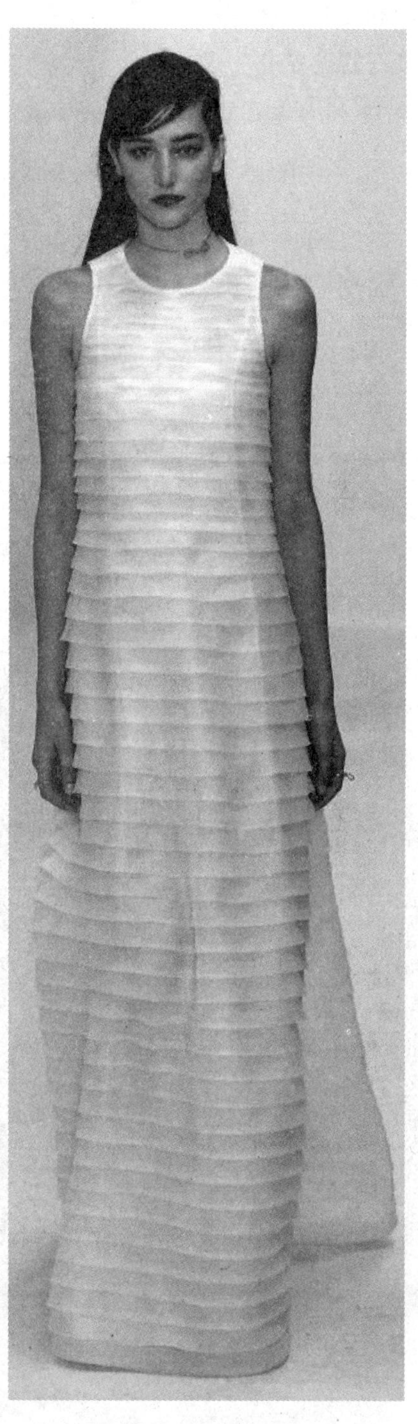

图4-11　迪奥品牌2014年（Dior-2014）春夏高级定制西式晚礼服连衣裙一
（图片来源：WGSN世界时尚资讯网）

图 4-12 的两款也是迪奥品牌在 2014 高级定制发布会上推出的晚礼服连衣裙，以数码世界中的几何图形为设计灵感，激光切割图案，每一层上都裁剪出整齐排列的圆点形镂空，将几何图形缝制在一层透明的薄纱上，女性曼妙的身体曲线在其下若隐若现。用永恒的黑色演绎出潮流和时尚，这些款式就像是一场手工艺的庆典，用单色创造出无限想象的空间，就像置身在梦幻的世界中。

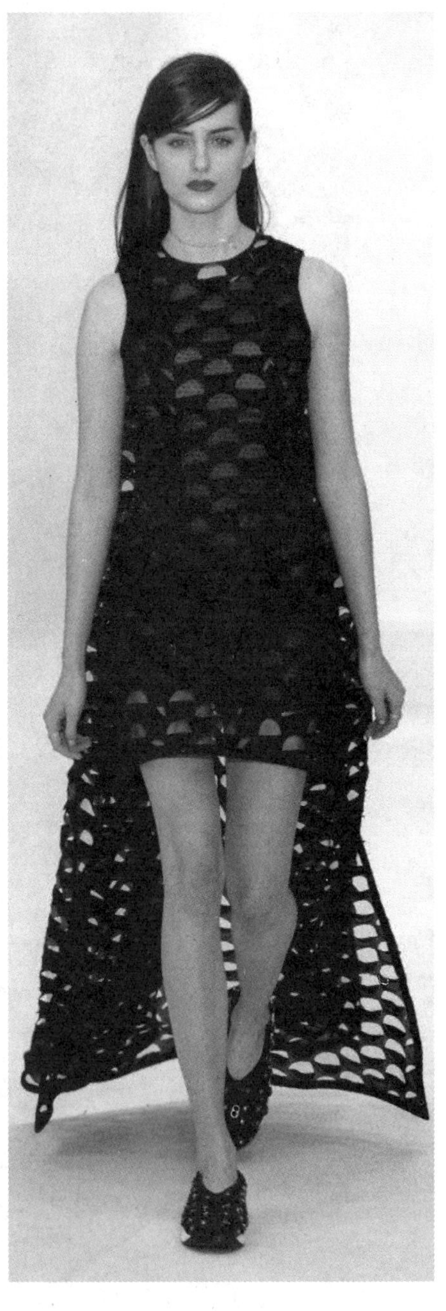

图4-12　迪奥品牌2014年（Dior-2014）春夏高级定制西式晚礼服连衣裙二
（图片来源：WGSN世界时尚资讯网）

图4-13三款裙装也和上面款式的设计手法相似，应用科技手法，几何图形有序排列，通透飘逸的风格清晰可见，但每一款都塑造出不同女性的美，使呆滞的几何图形充满了灵性。

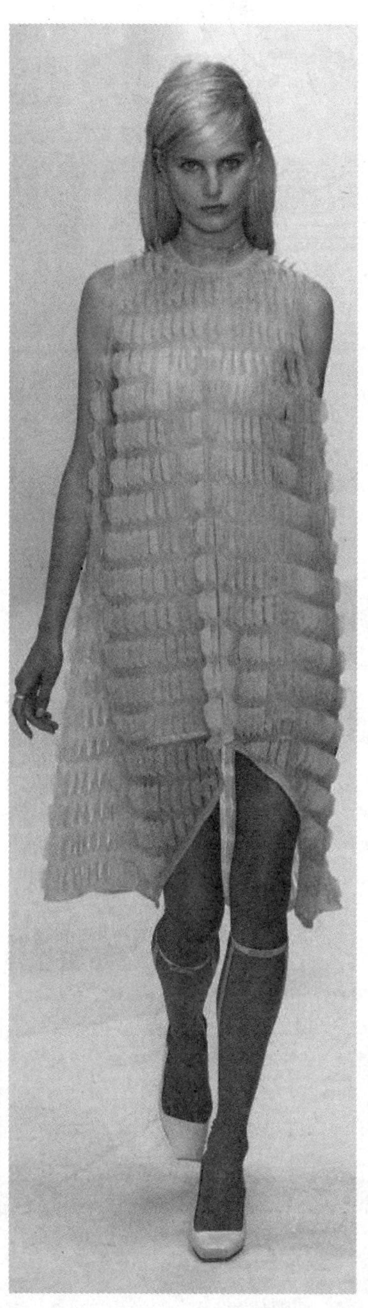

图4-13　迪奥品牌2014年（Dior-2014）春夏高级定制西式晚礼服连衣裙三
（图片来源：WGSN世界时尚资讯网）

（二）西式晚礼服连衣裙原创设计图稿

西式晚礼服连衣裙原创设计图稿见图 4–14~ 图 4–25。

图4–14 西式晚礼服连衣裙设计图稿一

图4-15 西式晚礼服连衣裙设计图稿二

图4-16 西式晚礼服连衣裙设计图稿三

图4–17　西式晚礼服连衣裙设计图稿四

图4-18　西式晚礼服连衣裙设计图稿五

图4-19 西式晚礼服连衣裙设计图稿六

图4-20　西式晚礼服连衣裙设计图稿七

图4-21　西式晚礼服连衣裙设计图稿八

图4-22　西式晚礼服连衣裙设计图稿九

图4-23 西式晚礼服连衣裙设计图稿十

图4-24　西式晚礼服连衣裙设计图稿十一

图4-25 西式晚礼服连衣裙设计图稿十二

第二节 晚礼服类连衣裙结构造型设计实例

一、中式晚礼服连衣裙设计实例

(一)古典旗袍连衣裙造型设计

1. 款式分析

图 4-26 所示为古典旗袍连衣裙。现代意义的旗袍诞生于 20 世纪 20 年代，很快从发源地上海风靡开来，盛行于 20 世纪 30~40 年代。由于上海一直崇尚海派的西式生活方式，因此后来出现了“改良旗袍”，产生中西结合的旗袍裙款式，从遮掩身体的曲线到显现玲珑有致的女性曲线美，使旗袍彻底摆脱了旧有模式，成为中国女性独具民族特色的时装之一。图 4-26 所示连衣裙领中心开 V 字形领口，三粒中式扣作装饰，这均是古典旗袍常采用的装饰手法，经过时间的洗礼和沉淀，一字扣装饰成为旗袍裙的经典装饰，旗袍裙另一个典型特点就是长开衩，衩开在膝盖以上，走路时双腿若隐若现，淑女且性感。

图4-26 古典旗袍连衣裙效果图

2. 面料分析

此款最佳面料采用织锦缎制作，织锦缎富丽堂皇、光色鲜亮、手感滑爽，是做古典旗袍裙的上品面料。除了织锦缎，此款还可用天鹅绒或者贡缎制作，效果俱佳。

3. 参考尺寸（表4-1）

表4-1 古典旗袍连衣裙规格表 单位：cm

后中裙长（L）	胸围（B）	臀围（H）	腰围（W）	后腰节长	肩宽（S）
130	88	95	68	38	34

4. 结构设计（图4-27）

5. 结构造型设计要点

①确定裙长、后腰节长和袖窿深，因旗袍为合体型服装，在结构设计时所需的胸凸量较大，故前片侧颈点在后片的基础上抬高 1.5cm。

②确定前、后片胸围尺寸，后片为 $B/4$，前片为 $B/4+0.5$，其中的 0.5cm 用来补足后腰省

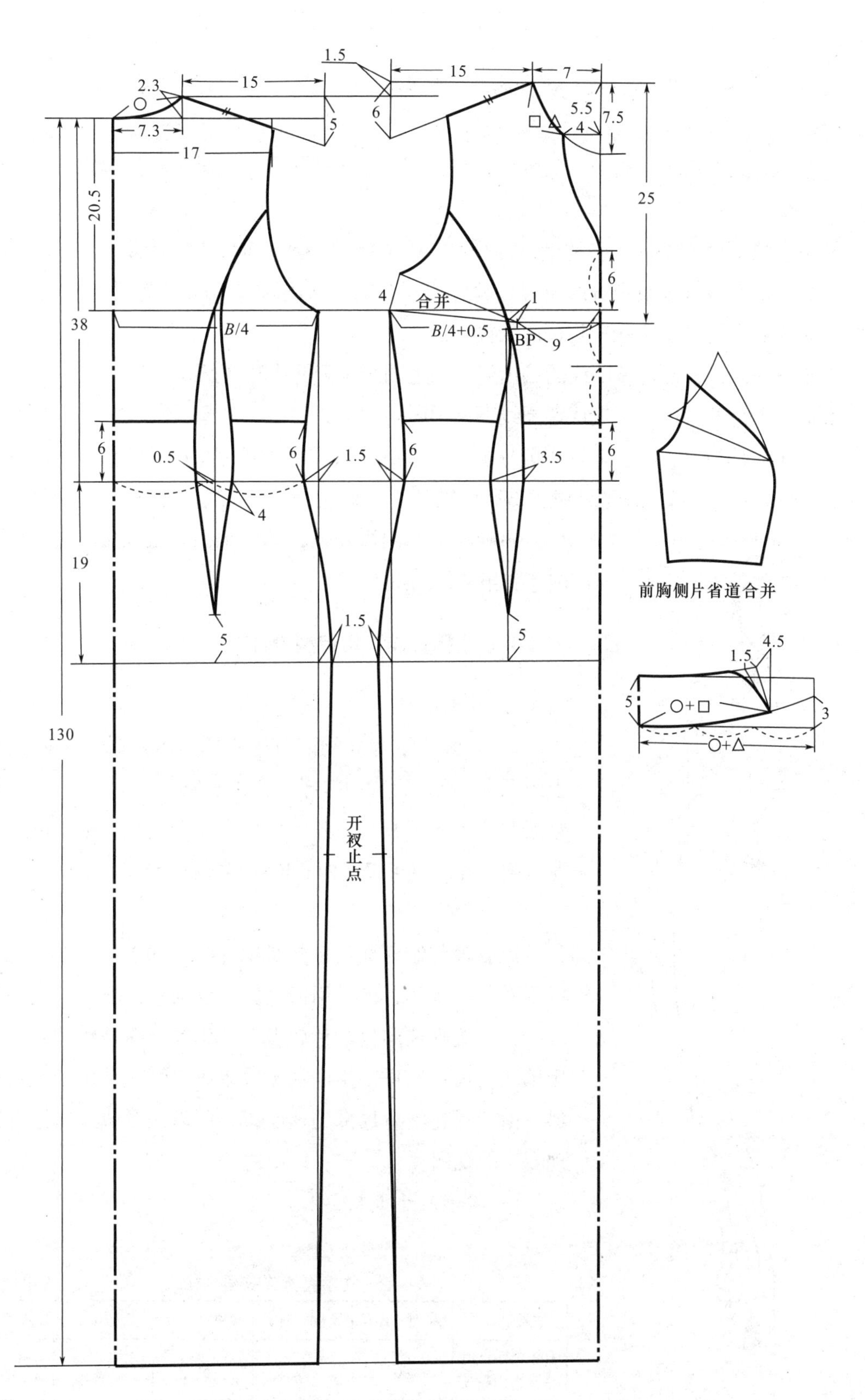

图4-27　古典旗袍连衣裙结构图

收掉的量。

③确定基本领圈的横、直开领和肩线，根据肩宽规格确定后衣身肩宽为 $S/2$，前片小肩长同后小肩长。

④根据款式特点确定裙子的领围线，前领深开至胸围线上 6cm 处，根据效果图造型画顺前后领口线。

⑤前片腋下设置 4cm 的胸省量，合并后转移至腰省。画顺前后袖窿弧线。

⑥确定前后分割线及腰省的位置，侧缝收省 1.5cm，后腰省大 4cm，前腰省大 3.5cm；衣身的横向分割线设置在腰节线上 6cm 的位置。

⑦根据臀围规格确定臀围线的偏出量，如上图画顺侧缝线和下摆线。

⑧确定侧缝开衩点，本款从臀围线下来 19cm。

⑨领子结构设计：取长度等于前领弧线加上后领弧线，宽度为 5cm 的长条，领口一边起翘 3cm，画顺领口弧线，截取装领部分弧线的长度，画顺领子上口线，完成领子造型结构。

⑩确定前中门襟扣位，共三个，间距 6cm。完成古典旗袍连衣裙的结构造型设计。

图4-28　立领露背连衣裙效果图

（二）立领露背连衣裙造型设计

1. **款式分析**

图 4-28 所示为立领露背连衣裙。款式融合了西式晚礼服的元素，袒露后背和肩部，立领又不失中国传统旗袍特色，侧面裁片至下摆开衩，开衩可根据需求变化，裙摆可以是古典旗袍式样，也可以是西式连衣裙式样。

2. **面料分析**

此款最佳制作面料依然是织锦缎，除了织锦缎，此款还可用乔其纱制作，可采用撞色乔其纱面料，如面料用黑色乔其纱，里布则选用枚红色软缎，产生复合深紫色的效果，比用单一色面料制作产生的视觉效果好；烂花绒也是不错的面料，由于烂花绒有局部的透明感，所以做露背式旗袍更能展现女人的妩媚。

3. **参考尺寸（表4-2）**

表4-2　立领露背连衣裙规格表　　单位：cm

裙长（L）	胸围（B）	臀围（H）	腰围（W）	后腰节长	后领高
100（第七颈椎点至裙摆）	86	92	66	38	8

4. **结构设计**（图4-29）

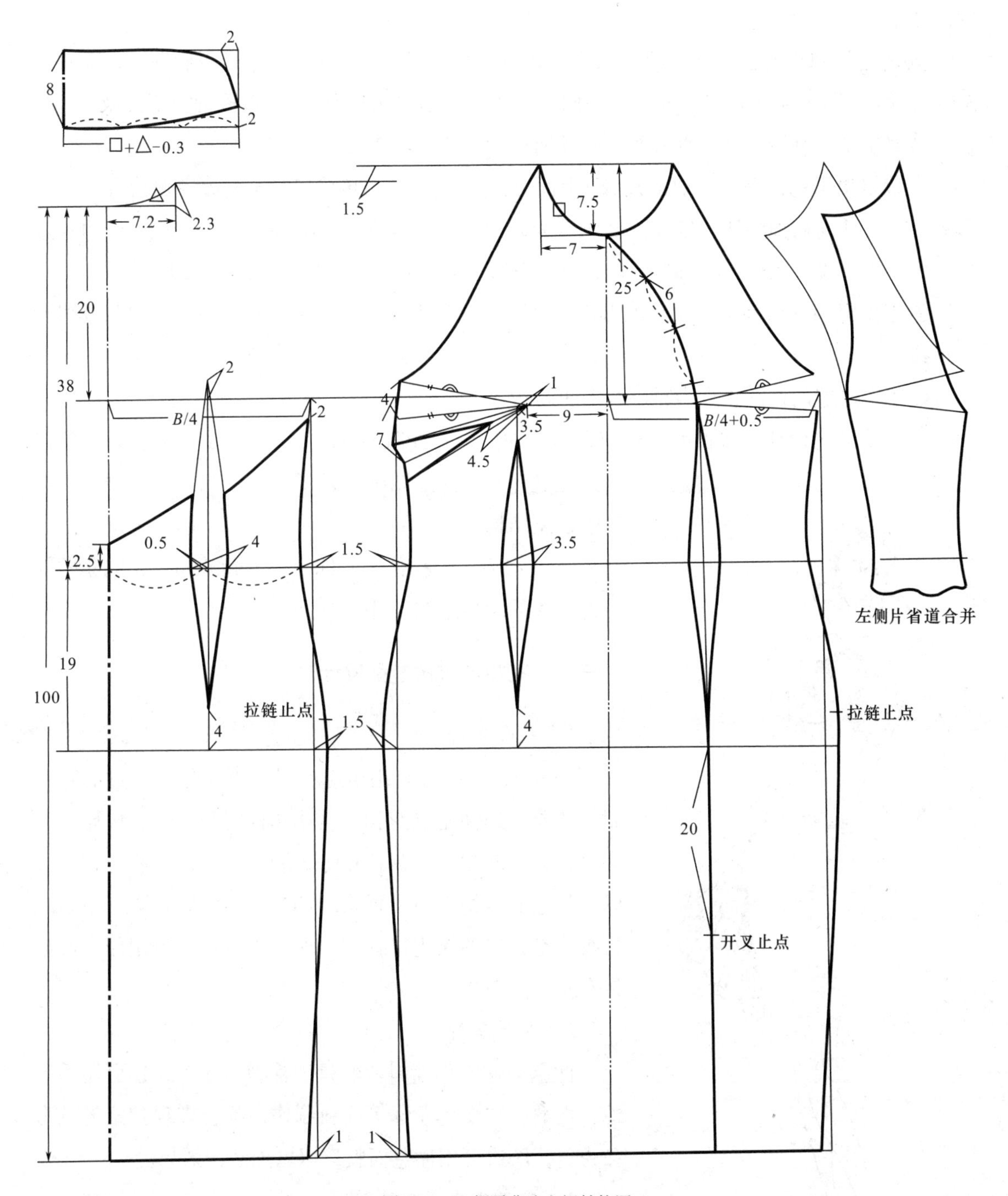

图4-29　立领露背连衣裙结构图

5. **结构造型设计要点**

①确定裙长、后腰节长和袖窿深，因旗袍为合体型服装，在结构设计时所需的胸凸量较大，故前片侧颈点在后片的基础上抬高 1.5cm。

②确定前、后片胸围尺寸，后片为 $B/4$，前片为 $B/4+0.5$，其中的 0.5cm 用来补足后腰省收掉的量。

③确定分割线与腰省的位置和大小，腰省在侧缝处收 1.5cm，后片腰省收 4cm，前片收 3.5cm，如效果图 4–28 设计前左片的纵向分割线，分割线在臀围线下 20cm 处往下开衩。

④确定基本领圈的横、直开领，画顺前后领口弧线。

⑤确定裙子的袖窿线。取前片腋下胸省大为 4cm，右侧转移成腋下省，左侧合并转移至分割线；设计前后袖窿线，以前片侧颈点为起点，连接至侧缝（胸围线下 2cm 处），再连接至后中（腰节线上 2.5cm），画顺弧线，注意前后拼接及省道合并部位线条的圆顺。

⑥根据臀围规格确定臀围线的偏出量，下摆在胸围大的基础上偏进 1cm，画顺侧缝线和下摆线。

⑦确定侧缝的拉链止点为臀围线上 3cm 处。

⑧领子结构设计：取长度等于前领弧线加后领弧线减 0.3cm、宽度为 8cm 的长条，领口一边起翘 2cm，如上图画顺领子上口线和领口弧线，完成领子造型结构。

⑨确定前门襟扣位，共四个，间距 6cm。完成立领露背连衣裙的结构造型设计。

图4–30　盘花扣连衣裙效果图

（三）盘花扣连衣裙造型设计

1. **款式分析**

图 4–30 所示为盘花扣连衣裙。该款是改良过的旗袍裙，主要装饰便是盘花扣，盘花扣样式很多，有凤尾扣、如意扣、蝴蝶扣等，盘花扣等。制作时可以用原色，也可以用其他面料相拼编结而成，整个款式配大立领、盘花扣、长衩，是经典的旗袍裙款式，如果用流行面料制作，便会带有时装的韵味。

2. **面料分析**

此款最佳制作面料依然是织锦缎，此外，还可用乔其纱、贡缎、“变色龙”等面料制作，都会表现款式的魅力和秀美，滚边可用撞色面料，以增加装饰效果。

3. **参考尺寸（表4–3）**

表4–3　盘花扣连衣裙规格表　　单位：cm

裙长（L）	胸围（B）	臀围（H）	腰围（W）	后腰节长	后领高
100（第七颈椎点至裙摆）	88	94	68	38	12

4. 结构设计（图4-31）

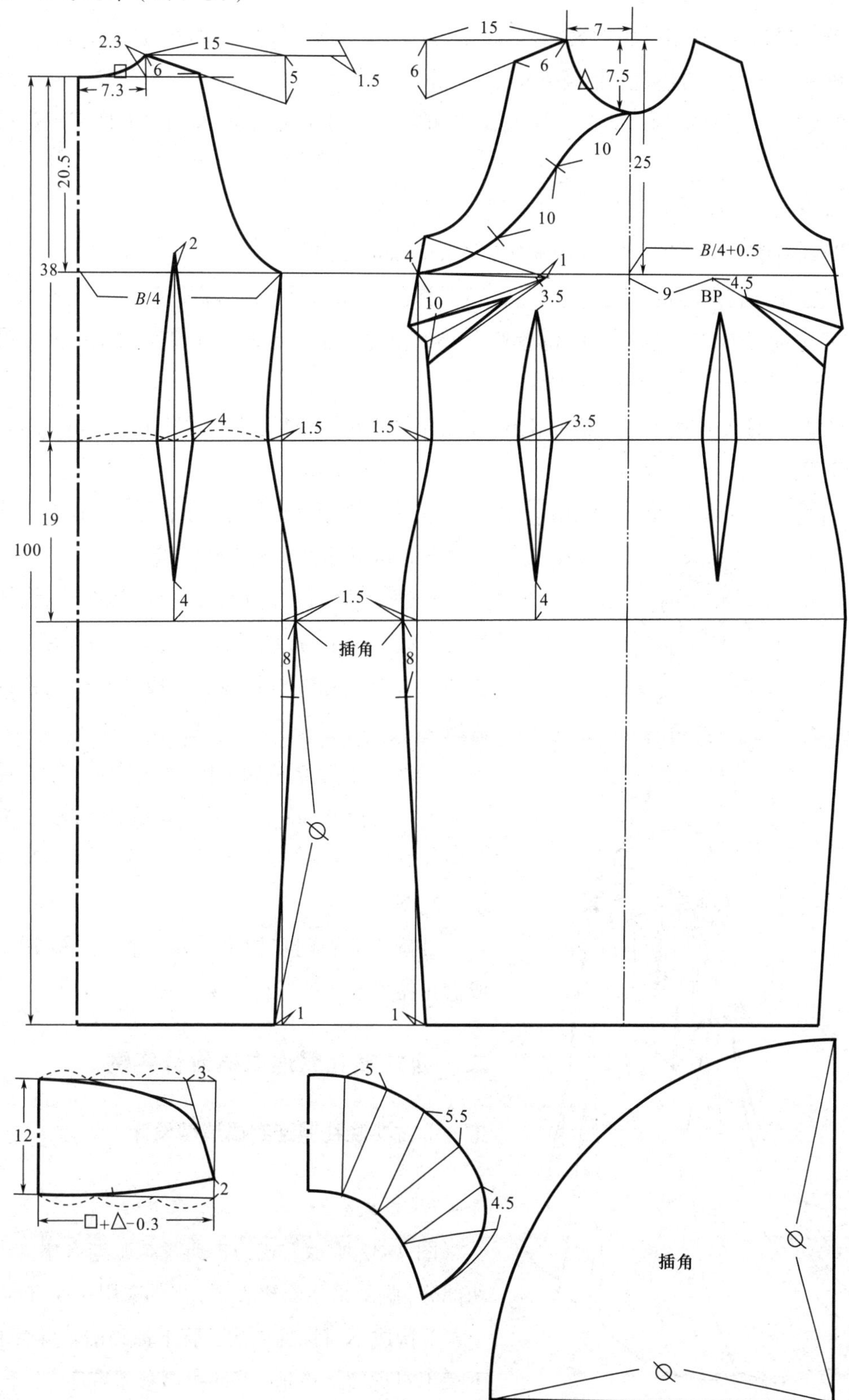

图4-31　盘花扣连衣裙结构图

5. 结构造型设计要点

①确定裙长、后腰节长和袖窿深，因旗袍为合体型服装，在结构设计时所需的胸凸量较大，故前片侧颈点在后片的基础上抬高 1.5cm。

②确定前、后片胸围尺寸，后片为 $B/4$，前片为 $B/4+0.5$，其中的 0.5cm 用来补足后腰省收掉的量。

③确定基本领圈的横、直开领和肩线，画顺领口弧线。

④设计右前片斜门襟，位于前领中点至腋下 4cm 处。

⑤根据款式特点确定肩线长为 6cm，腋下胸省大 4cm，画顺袖窿弧线。

⑥确定前后腰省、腋下省的位置和大小，侧缝收省 1.5cm，后腰省大 4cm，前腰省大 3.5cm；腋下省位于腋下 10cm 的位置。

⑦根据臀围规格确定臀围线的偏出量，下摆在胸围大的基础上偏进 1cm，如上图画顺侧缝线和下摆线。

⑧右侧缝臀围线下插一 90° 扇形插角（长度等于臀围线到下摆的距离），在臀围线和臀围线下 8cm 处用两个盘扣作装饰。

⑨领子结构设计：取长度等于前领弧线加后领弧线，宽度为 12cm 的长条，领口一边起翘 2cm，画顺领子上口线和领口弧线，完成基本型立领的结构造型。

⑩将基本型立领如上图分成三份，在靠近后中的领上口线拉开 5cm，中间一份拉开 5.5cm，靠近领角的部分拉开 4.5cm，画顺领上口线，完成凤仙领的结构造型。

⑪确定前斜门襟扣位，共三个，间距 10cm。完成盘花扣连衣裙的结构造型设计。

二、西式晚礼服连衣裙设计实例

（一）古典晚礼服连衣裙造型设计

1. 款式分析

图 4–32 所示款式为古典晚礼服连衣裙。上身分两部分，胸部采用斜褶表现，腰部采用相反方向的褶，上、下构成不对称的层次，胯下抽碎褶，自然下垂，下摆不对称缓缓曳地；整件裙褶参差有序，上下呼应，再加上大蝴蝶结装饰，是一件较好的晚礼服裙。

图4–32 古典晚礼服连衣裙效果图

2. 面料分析

该款对定型效果要求较高，所以要选用成型效果好的面料，最佳面料是记忆面料。记忆面料（Memory Fabric）是指具有形态记忆功能的面料，也可称记忆布，或形态记忆布，原料来自于美国杜邦（Dupont）的PTT（Sorona）纤维，用其面料制成的服装不用外力的支撑，能独立保持任意形态及可呈现出任意褶皱，用手轻拂后即可完全恢复平整状态，不会留下任何折痕，保型具有永久性。此种面料具有良好的褶皱回复能力（良好的褶皱效果和回复能力是目前国际新潮的功能性面料的特点），手感舒适、光泽柔和、质地细腻柔软、悬垂性好、抗污染、耐化学性、尺寸稳定、抗静电、抗紫外线等特点。而最重要的是，有了“记忆”之后，面料变得免烫、易护理。

3. 参考尺寸（表4–4）

表4–4 古典晚礼服连衣裙规格表　　单位：cm

衣长（后中）	裙长（后中）	胸围（B）	臀围（H）	腰围（W）
30	100	84	92	66

4. 结构设计

（1）粘贴标示线

确定人台，一般用中号人台，检查基本标示线是否完整。根据效果图粘贴衣身上口线（前中按胸围线偏上6cm，后中按胸围线偏下3cm）、前胸分割线（前中按胸围线偏下8~9cm，腋下按胸围线偏下7cm）和下摆线（右侧从腰围线偏下8cm，左侧至臀围线），要求线条前、侧、后粘贴圆顺（图4–33）。

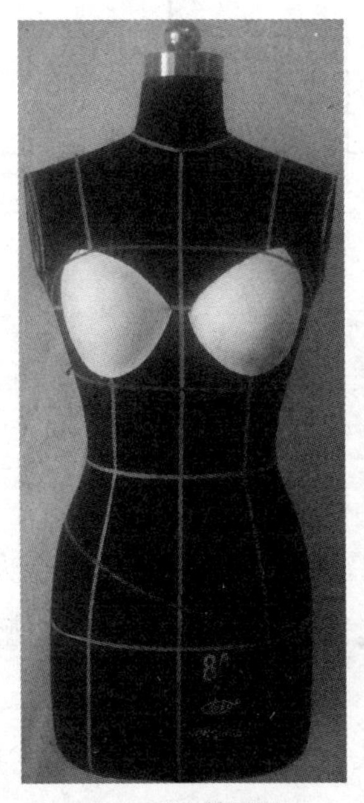

(a) 正面效果图

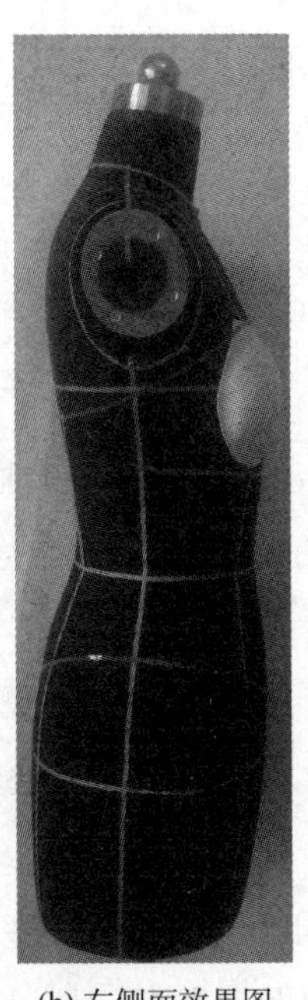

(b) 右侧面效果图

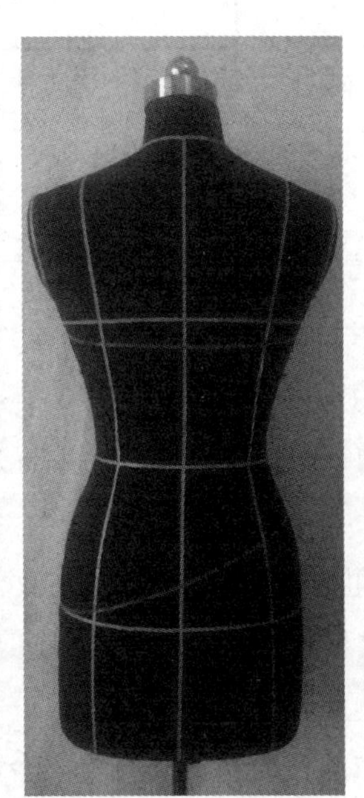

(c) 背面效果图

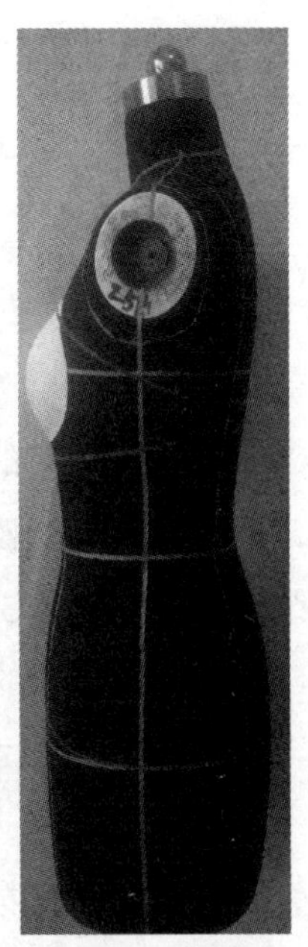

(d) 左侧面效果图

图4–33 衣身造型线和分割线的标记

（2）内层前衣身造型

①取布、整理坯布。取前胸片的坯布长为22cm，宽为50cm；前中片和左右侧片的坯布长为前胸分割线至下摆最长处的距离，前中片宽度为左右公主分割线之间的距离加上8cm余量，左右侧片宽为公主线分割至侧缝线的宽度加8cm余量。熨烫坯布，使布丝的经纬线垂直，同吊带式休闲连衣裙，在坯布上画出前中心线、胸围线和腰围线（图4-34）。

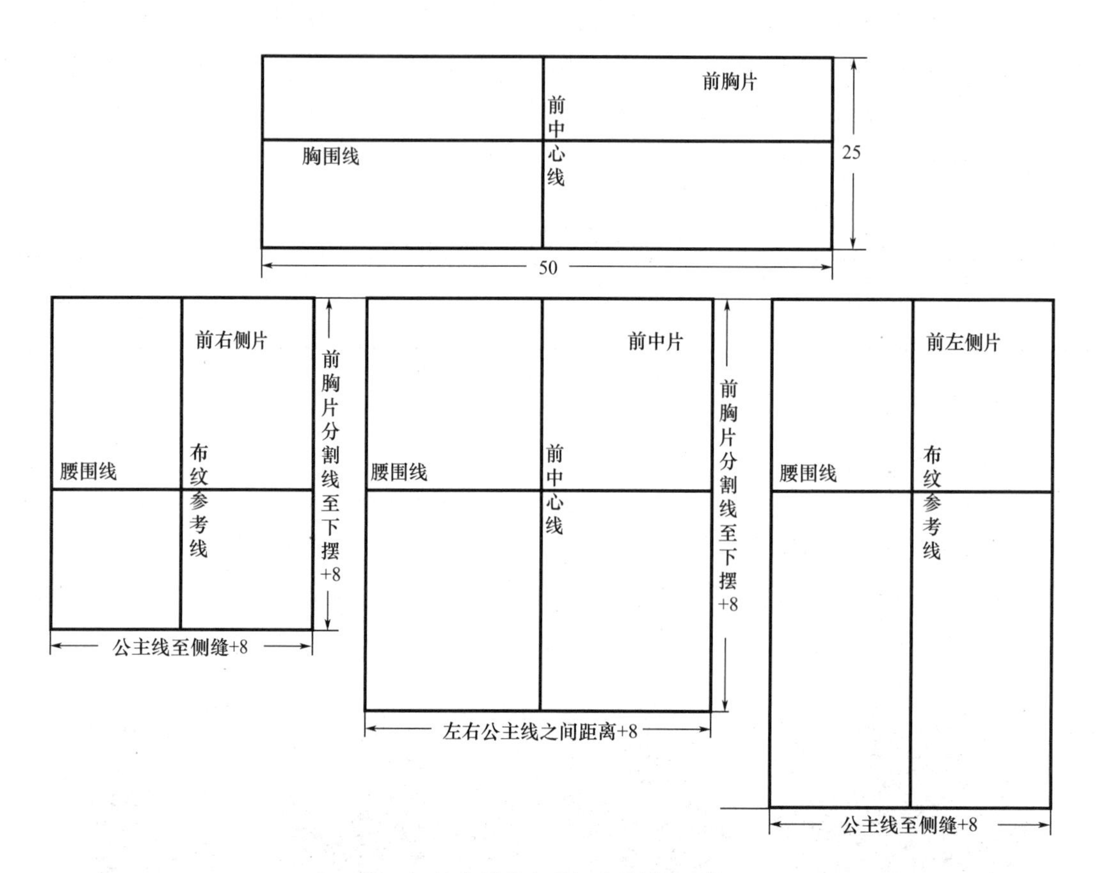

图4-34 内层前衣身坯布选取和标记

②将前胸片坯布的胸围线、前中心线与人台的对应线对合固定，将前胸片的上口和下口抚平，所有余量推至腋下收腋下省，按所贴标示线描点，修剪坯布，留出1~2cm缝份，完成裹胸结构造型［图4-35（a）］。

③将前中片坯布的腰围线和前中心线与人台的对应线对合固定，抚平坯布使其贴合人台，按人台上的前胸分割线和公主标示线描点，修剪坯布，留1~2cm缝份，完成前中片结构造型［图4-35（b）］。

④将右前侧片坯布的布纹参考线对应人台的公主线和侧缝线的中心，腰围线与人台的相应线对合，操作时注意侧片的布纹参考线与地面保持垂直，然后贴合人台固定［图4-35（c）］；根据前中片公主线分割的标示线和人台的侧缝、前胸分割线和下摆标识线描点，留1~2cm缝份，

完成右前侧片的结构造型。

⑤左前侧片操作方法同右前侧片，完成整个衣身前片的结构造型［图4–35（d）］。

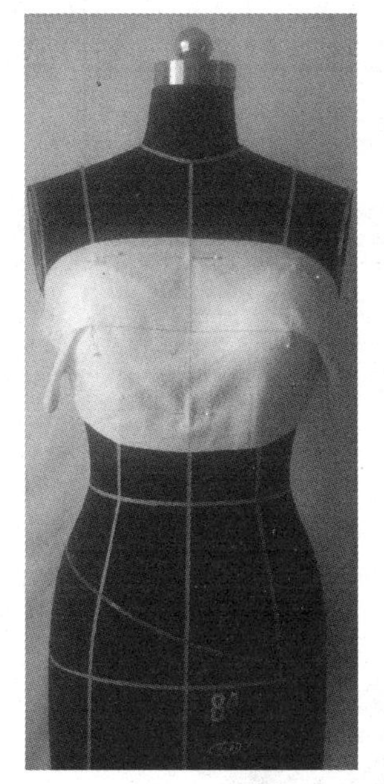
(a) 内层前胸造型

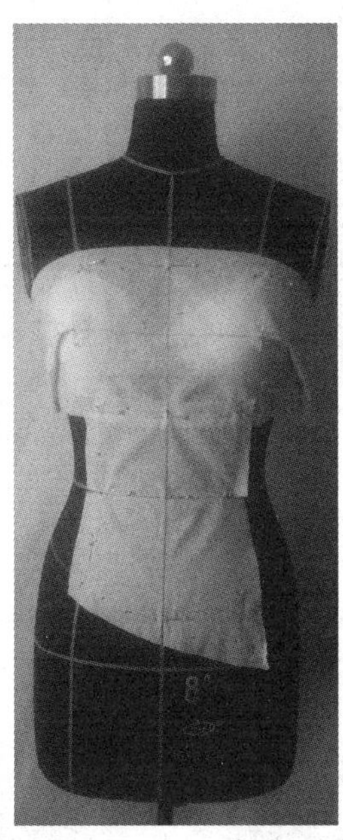
(b) 内层前中片造型

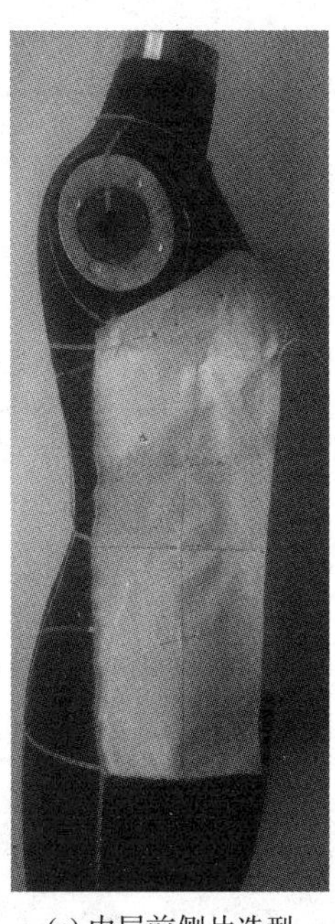
(c) 内层前侧片造型

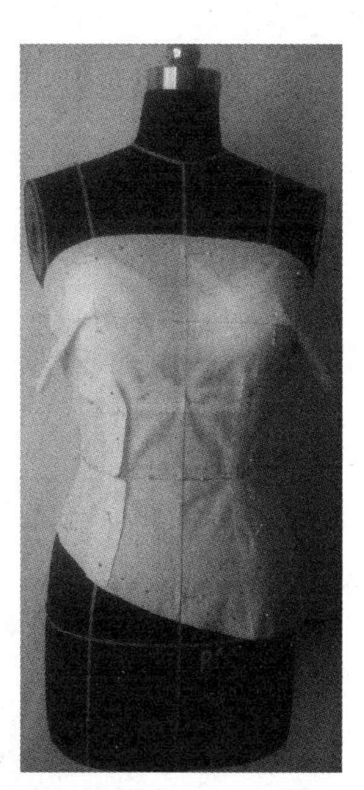
(d) 内层前衣身造型完成图

图4–35　内层前衣身造型

（3）内层后衣身造型

①取布、整理坯布。取前中片和左右侧片的坯布长为衣身上口线至下摆最长处的距离，前中片宽度为左右公主分割线之间的距离加8cm余量，左右侧片宽为公主线分割至侧缝线的宽度加8cm余量。熨烫坯布，让布丝的经纬线垂直，同前片画出后中心线、胸围线和腰围线（图4–36）。

②将后中片坯布后中心线和腰围线与人台对应线贴合，固定坯布［图4–37（a）］；抚平坯布，按所标示的衣身上口线、下摆线和人台上的公主线描点，修剪坯布，留1~2cm缝份，完成后中片结构造型。

③同前侧片的操作方法，完成左右后侧片造型，衣身后片完成图如图4–37（b）、（c）所示。

（4）裙片造型

①按坯布幅宽取长300cm坯布，量取120cm，以该点为中心画半径为30cm的半圆，往圆中心留1cm修剪坯布，将半圆用线抽褶后与前衣身下摆自左向右拼合，修剪裙摆（左侧裙长约80cm，右侧裙长约135cm），注意整个下摆线条的圆顺，完成前裙片结构造型［图4–38（a）］。

②同前裙片操作，完成后裙片结构造型［图4–38（b）］。

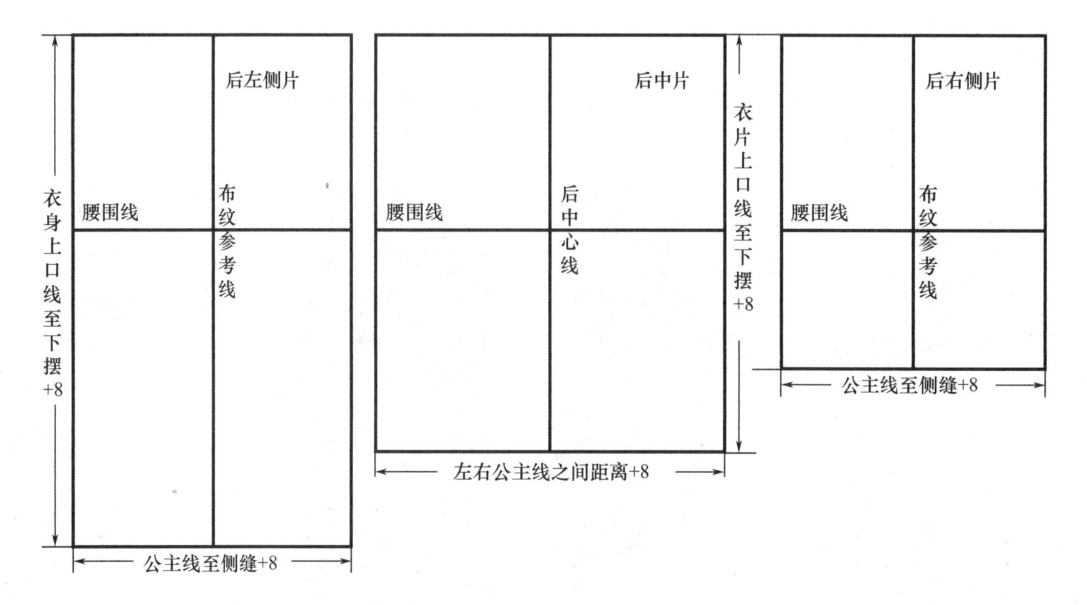

图4-36 内层后衣身坯布选取和标记

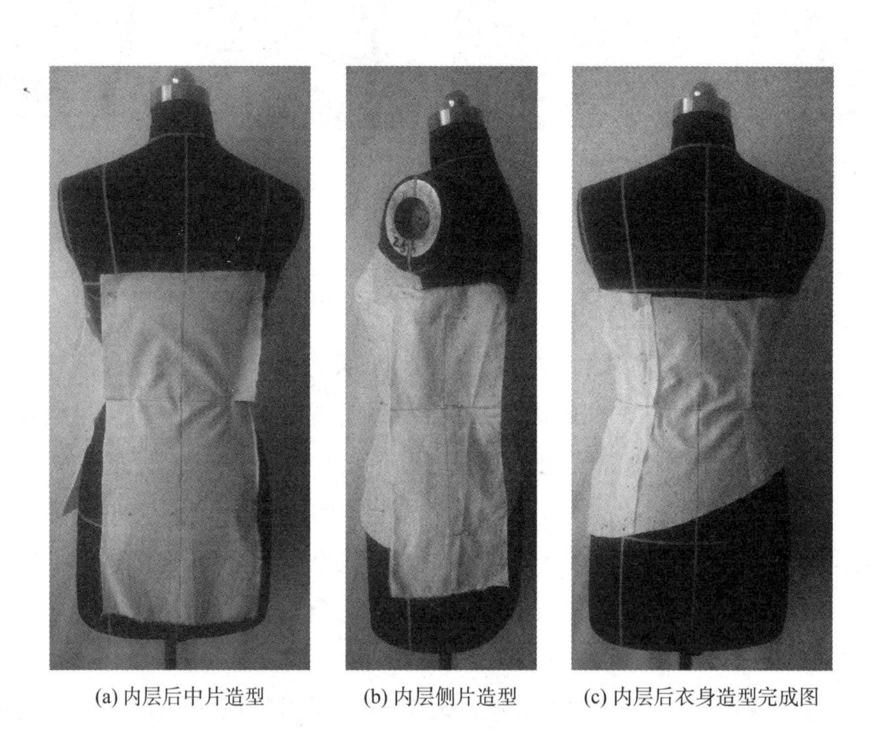

(a) 内层后中片造型 (b) 内层侧片造型 (c) 内层后衣身造型完成图

图4-37 内层后衣身造型

（5）外层衣身造型

①取一宽度约为 50cm 的 45° 正斜长条，根据效果图做斜向褶裥，褶裥大约 4~5cm，褶裥间的间距约 3cm［图 4-39（a）］；褶裥做好后按前胸片造型修剪坯样，留 1~2cm 缝份，完成前胸片的褶裥造型［图 4-39（b）］。

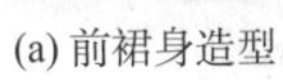

(a) 前裙身造型

(b) 后裙身造型

图4-38　裙身造型

(a) 前胸褶裥造型

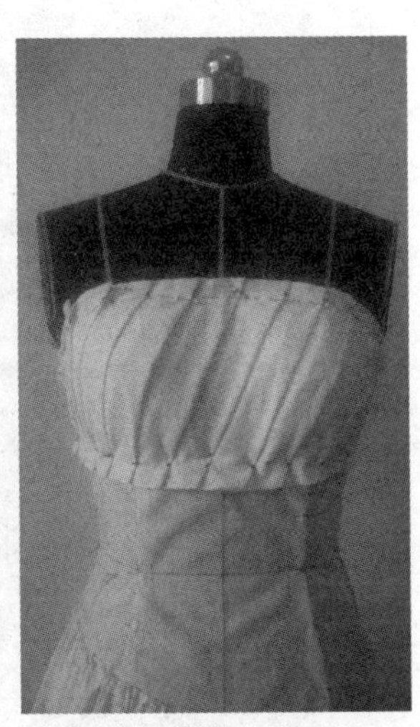

(b) 前胸外层造型完成图

图4-39　前胸外层造型

②取长度与宽度约为 80cm 的 45° 正斜长条，根据效果图同前胸片一样做前片下侧的斜向褶裥，褶裥为 4~5cm，褶裥间的间距 5~6cm，完成前片下侧的褶裥造型［图 4–40（a）］；后片衣身的褶裥造型制作同前片［图 4–40（b）］，完成后片衣身的褶裥造型［图 4–40（c）］。

(a) 前身外层造型

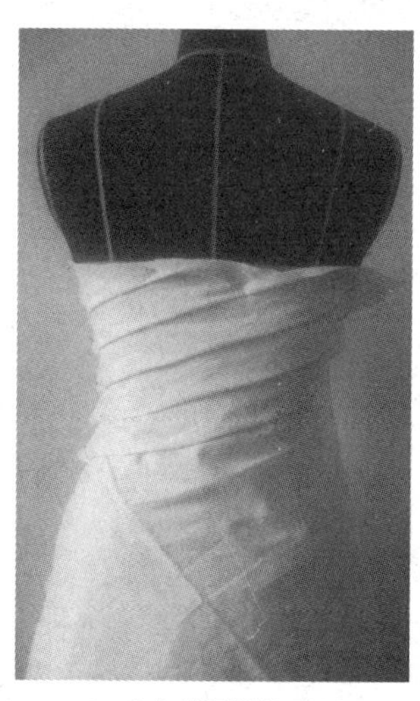
(b) 后身外层褶裥造型

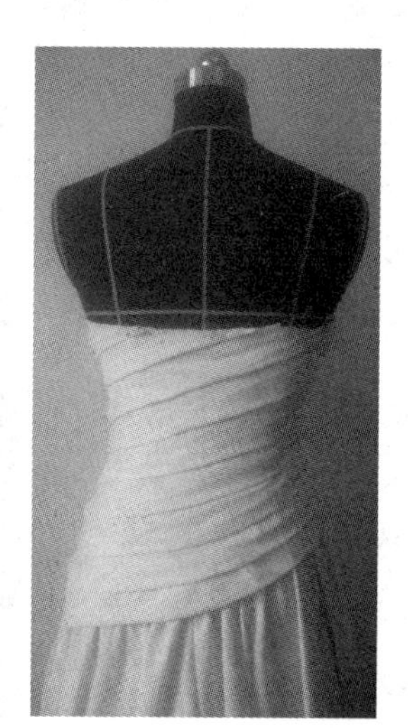
(c) 后身外层造型

图4–40 衣身外层造型

（6）蝴蝶结造型

根据效果图做好蝴蝶结造型，装饰在右侧衣身下摆处（图 4–41）。

图4–41 蝴蝶结造型

（7）整理裁片

把立裁坯样从人台上拿下，整烫平整，确保经纬线垂直，然后留相应的缝份，剪去多余的坯布，标出纱向线、对位记号等，裙子的裁片较大，在此略去（图4-42）。

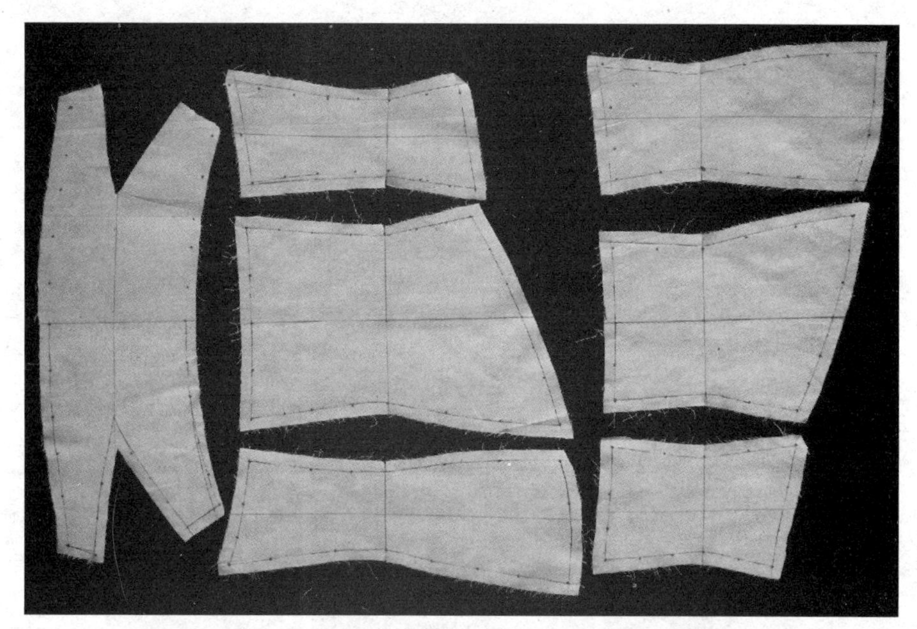

(a) 内层衣身裁片

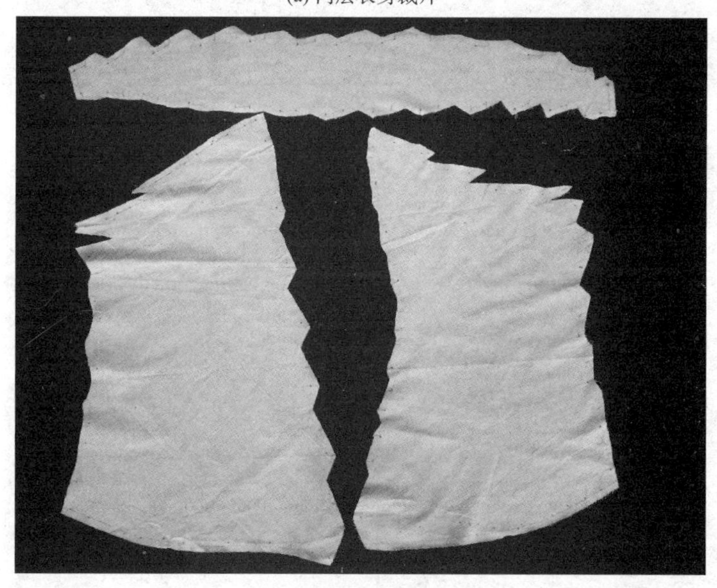

(b) 外层褶裥裁片

图4-42 裁片平面展开图

（8）试样修正

将整理好的裁片重新别合，再穿到人台上观察效果，检查成品与设计稿的款式、规格及细节的设计等是否相符，如不相符合，则在人台上进行修正，并做好记号。图4-43为古典晚礼服连衣裙的成品效果。

(a) 前身造型

(b) 侧面造型

(c) 后身造型

(d) 前身细节

(e) 后背细节

图4-43 古典晚礼服连衣裙成品图

（9）复制样板

将所有裁片取下，包括修正好的裁片，放到样板纸上，将裁片拷贝成样板，在拷贝的过程中将需要修正的部位修正好，并做好纱向线、裁片名称、对位标记等样板标示，完成古典晚礼服连衣裙的造型结构设计（图 4-44）。

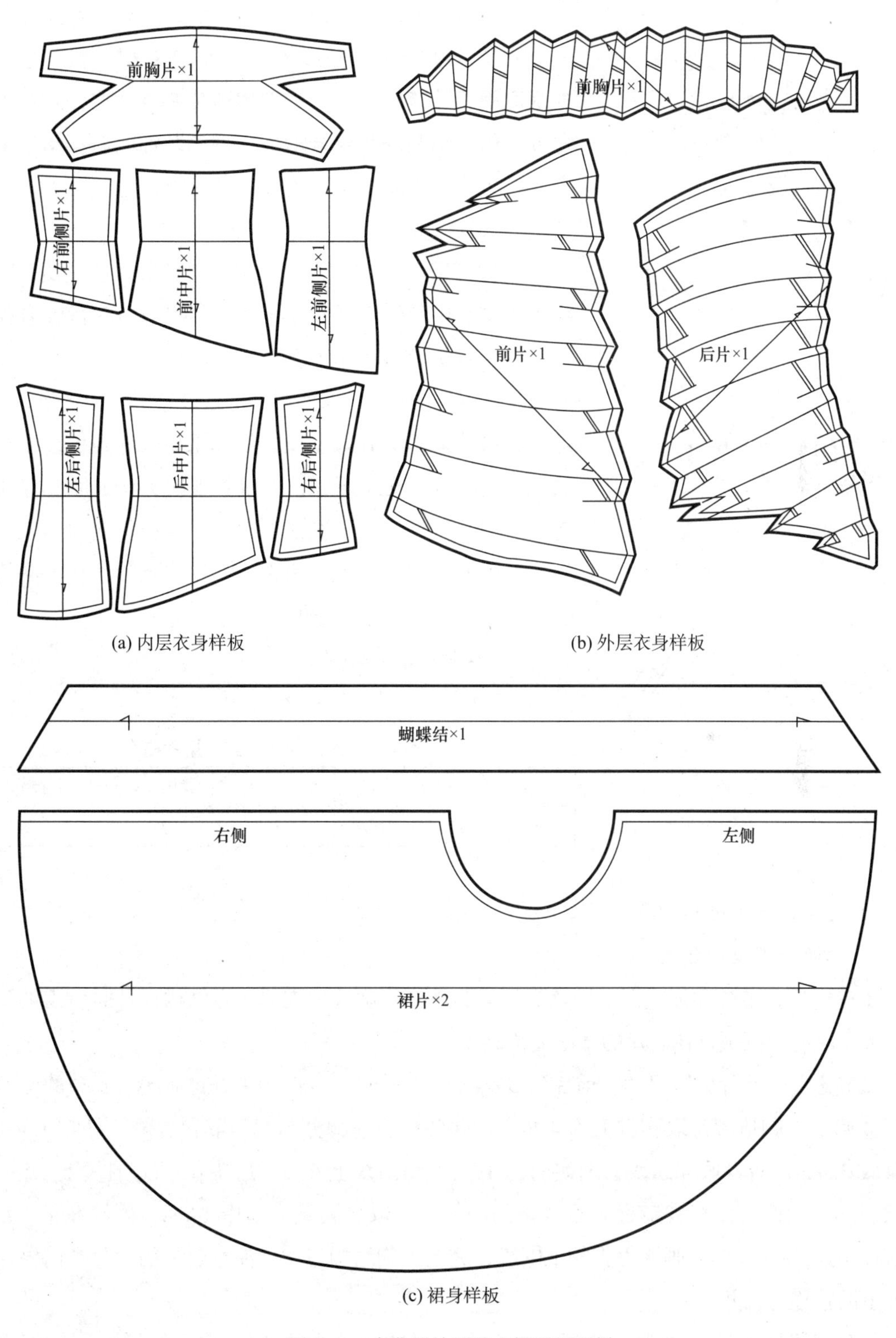

(a) 内层衣身样板

(b) 外层衣身样板

(c) 裙身样板

图4-44 古典晚礼服连衣裙平面纸样

图4-45 无带晚礼服连衣裙效果图

（二）无带晚礼服连衣裙造型

1. **款式分析**

图4-45所示款式为无带晚礼服连衣裙。款式整体感觉飘逸洒脱，流线造型；胸部用珠片刺绣装饰，胸线下用宽带打褶打结和珠片组合形成强烈的装饰效果；裙摆采用大A字下摆呈垂悬褶皱，适合晚会着装。

2. **面料分析**

该款可采用真丝素绉缎制作，也可采用丝绒类面料或雪纺面料。用丝绒面料制作裙子会显得厚重深沉，有神秘之感；用雪纺面料制作则会有轻盈活泼之感，用双层雪纺面料效果更佳。“变色龙面料”也是该款很好的选择，“变色龙面料”采用75D异型丝，纬丝采用32S纯棉纱，在喷水或喷气织机上交织而成，面料克重约280g，手感厚实、柔软滑润、悬垂性好、挺括不皱，外观色彩变幻迷人。面料因采用异型丝在灯光和阳光下闪烁出光彩，从不同的角度看，闪光的亮度随之变化。

3. **参考尺寸**（表4-5）

表4-5 无带晚礼服连衣裙规格表 单位：cm

裙长（L）	胸围（B）	腰围（W）	后腰节长
118（第七颈椎点至裙摆）	84	68	38

4. **结构设计**（图4-46）

5. **结构造型设计要点**

①确定后腰节长和袖窿深，因该款裙子为无带裹胸式连衣裙，在结构设计时所需的胸凸量较大，故前片侧颈点在后片的基础上抬高1.5cm。

②确定前、后片胸围尺寸，前片为$B/4+0.5$，其中的0.5cm用来补足后腰省收掉的量。

③确定裹胸造型，取胸省大为4cm，合并转移至前胸分割线；取腰省侧缝处收1.5cm，前身收3.5cm，后身收4cm；上围线的前中位于胸围线上6cm，后中位于胸围线下1.5cm，画顺裹胸上围线（注意省道合并后线条的圆顺）。取裹胸宽为前中13cm、侧缝8cm、后中7.5cm，同上围线一样，画顺裹胸的下围线，完成裹胸结构造型。注意裹胸的后片和前侧片做好省道的转移与合并。

④确定裙片造型。以裹胸前片下围线长的4倍除以π为半径画圆，取裹胸前片下围的长度，

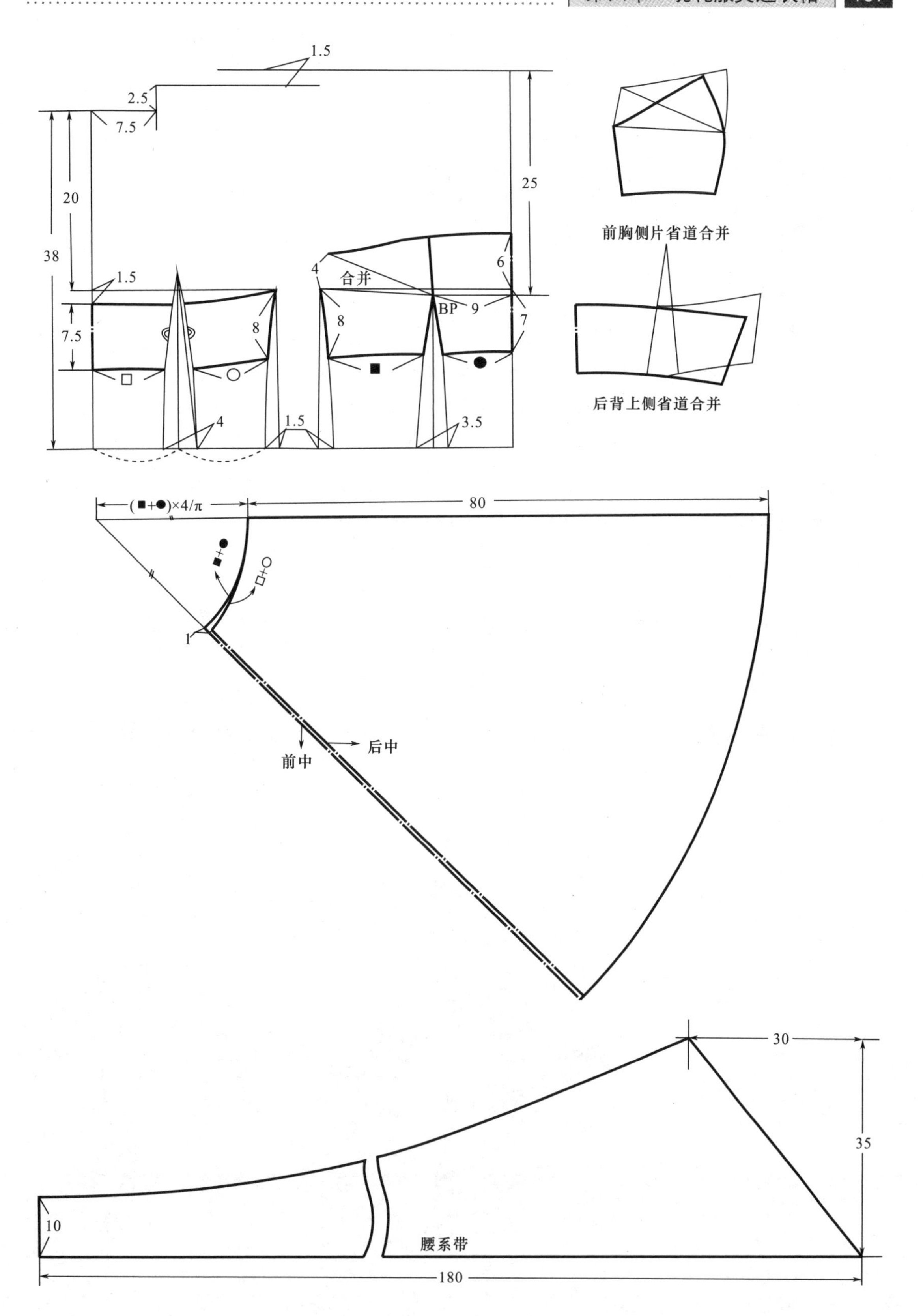

图4-46 无带晚礼服连衣裙结构图

裙长80cm，完成前裙片的结构造型；后裙片操作方法相同，在圆弧上取裹胸后片的下围大，并在后中处下落1cm，完成后裙片的结构造型。

⑤确定腰系带造型，长度为180cm，窄的一头宽10cm，宽的一头宽35cm，做好腰系带的结构造型。完成无带晚礼服连衣裙的结构造型设计。

（三）荡领荷叶边晚礼服连衣裙造型设计

1. 款式分析

图4–47所示款式是腰节断开裁剪、上下连接的荡领荷叶边晚礼服连衣裙，适合休闲聚会和晚宴穿着。裙腰节上部采用立体裁剪方法，前片斜裁，利用斜丝的松度，无省道，领部为荡领；后片用直丝面料，常规裁剪；裙下部采用平面裁剪方法，后长前短，下摆呈荷叶形，前中线处重叠搭过，一是为了穿着需要，二是增加装饰效果，从前片荷叶摆开始烫上和面料同色的珠片，使此款更带有晚装色彩，如果需要时珠片也可以设计成刺绣、印花、贴花等图案，使一个基本款能演变成好几个派生款式［图4–48（a）、（b）］。

(a) (b)

图4–47 荡领荷叶边晚礼服连衣裙效果图

图4–48 荡领荷叶边晚礼服连衣裙派生款

2. 面料分析

此款式连衣裙前片斜裁，无省道，领部有两个荡环。要想达到这种设计效果，面料要选用质地较厚、垂感较好的真丝双绉、素绸缎，或者仿真丝类面料，利用面料斜丝的松度和垂感，达到荡领效果，且不需要腰省和胸省。

3. 参考尺寸（表4-6）

表4-6　荡领荷叶边晚礼服连衣裙规格表　　单位：cm

裙长（L）	胸围（B）	腰围（W）	后腰节长	肩宽（S）
130	88	70	38	36

4. 结构设计

（1）衣身前片造型

①确定人台，一般用中号人台，检查基本标示线是否完整。根据效果图确定领宽点距离人台侧颈点约6cm。

②取布，整理坯布。首先，取一块长和宽约为80cm的坯布，熨烫坯布，使布丝的经纬线垂直，然后对折坯布，沿对折方向画出前中心线；沿前中心线下30cm折一等边直角三角形，留宽度约为8cm的折边量，减去多余布角，完成衣身前片坯布的准备（图4-49）。

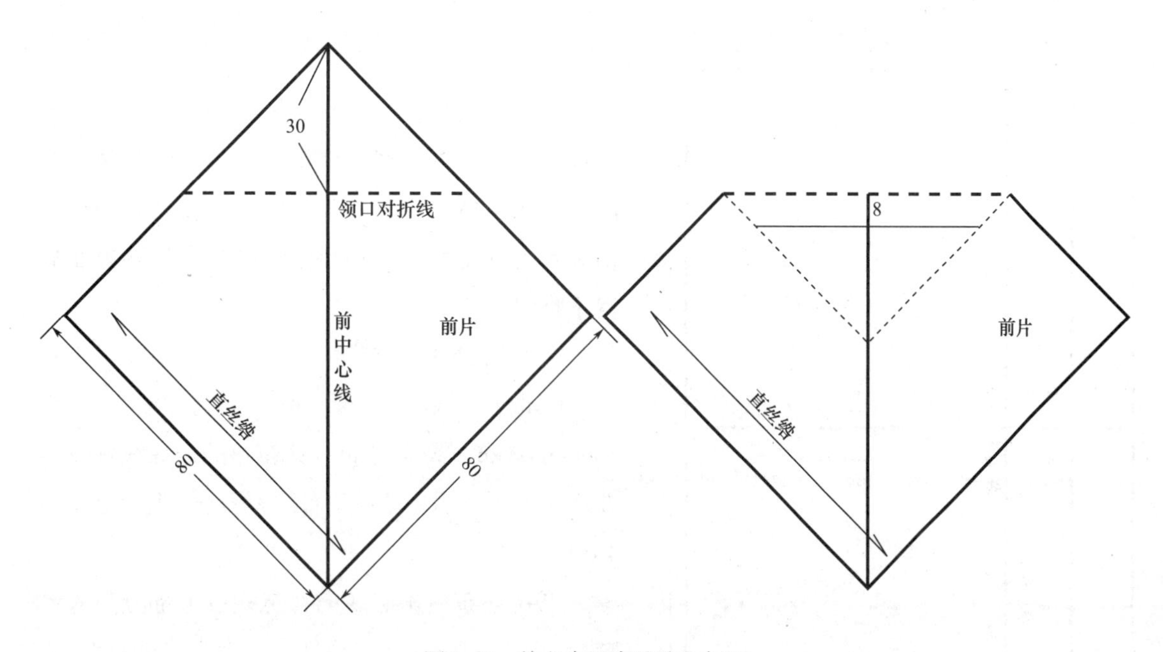

图4-49　前衣身坯布选取和标记

③将坯布的对折线与人台的前中心线对合固定，有8cm折边的一边为领口，领口大概位于胸围线偏上4~6cm，将布片两头固定于领宽点，让坯布自然下垂［图4-50（a）］；根

据款式特点，在肩部设置两个褶裥，操作时注意褶量的均匀，固定肩部褶裥；修剪坯布下摆（腰节线下约留 6cm）［图 4–50（b）］；在确保两个褶量足够的情况下把多余的量推至侧缝、腰线处，使布片尽量裹紧人台，固定袖窿、腰线，袖窿，腰围线处如果不平顺的话，可以打剪口保持圆顺，根据人台的腰围线和侧缝线描点，用标记带贴出袖窿造型，修剪坯布，留 1~2cm 缝份，完成前衣片结构造型［图 4–50（c）］。

(a) 固定坯布

(b) 确定垂褶造型

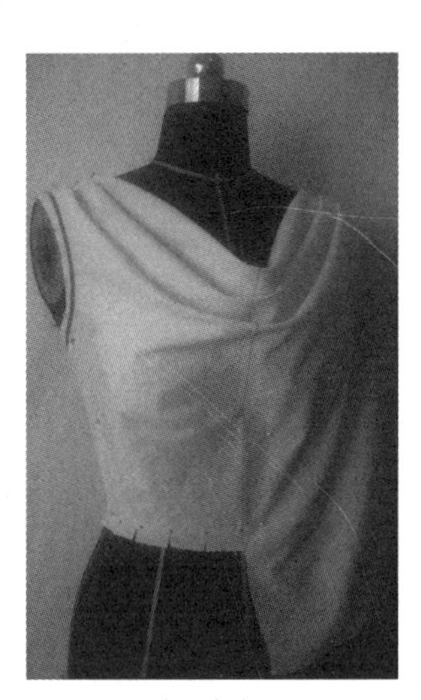

(c) 前衣身完成图

图4–50　前衣身造型

后片
后中心线
布纹参考线
胸围线
50
35

图4–51　后身坯布选取和标记

④检查领口荡环是否圆顺，如果没有达到设计效果，通过调整肩部褶量和调整侧缝松紧的办法使荡领自然美观。检查袖窿深浅及是否圆顺，袖窿不宜开得太深，如果太大则会露出胸衣而显得不雅观。

（2）衣身后片造型

①取布、整理坯布。取一长为 50cm、宽为 35cm 的坯布。熨烫坯布，让布丝的经纬线垂直，在坯布上画出后中心线、布纹参考线、胸围线（图 4–51）。

②将坯布后中心线的背宽线以上部分与人台贴合［图 4–52（a）］，然后使布纹参考线垂直地面、胸围线与人台的对应线对合后，固定坯布，后中线会自然产生一腰省量；抚平坯布的领口、肩部和袖窿，将所有余量推至腰部，捏合腰省，如图

4–52（b）所示；按人台上的腰线标示线描点，用粘带贴出领口、后中和袖窿造型，修剪坯布，留 1~2cm 缝份，完成后中片结构造型。如图 4–52（c）所示。

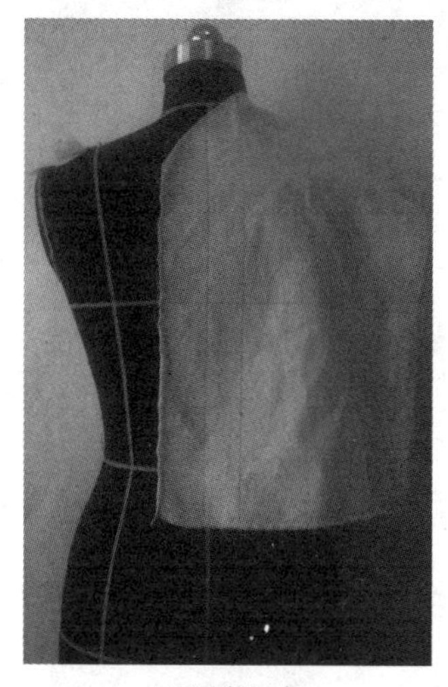

(a) 固定坯布

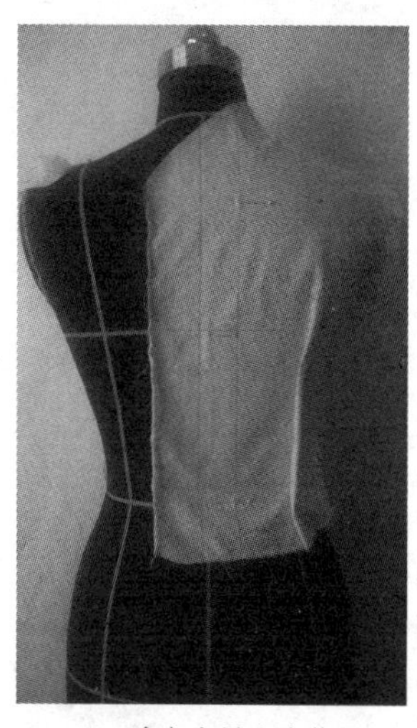

(b) 确定省量和省位

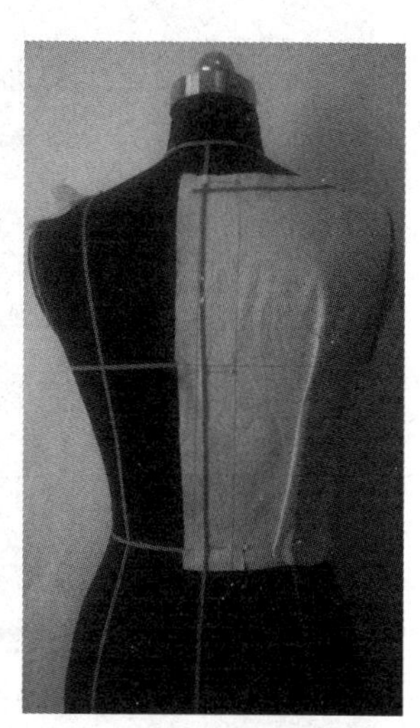

(c) 后衣身完成图

图4–52 后衣身造型

（3）裙片造型

①按坯布门幅宽取长 150cm 坯布，门幅边上口留出 50cm 左右从衣身右侧缝经左侧缝至后中立裁波浪裙，波浪裙的操作方法同节日礼仪连衣裙的裙子操作，按照效果图的裙摆特点修剪裙摆，完成底层裙片结构造型［图 4–53（a）］。

②按坯布门幅宽取长 150cm 坯布，门幅边上口留出 50cm 左右从衣身左侧公主线经右侧缝至后中立裁波浪裙：首先确立分割线处波浪，固定该点，旋转布片至该点，让布片自然下垂至该点重叠足够褶量；然后沿腰线依次设置波浪至后中，其操作方法同节日礼仪连衣裙；接着根据效果图的裙摆特点修剪裙摆，完成上层裙片结构造型［图 4–53（b）、（c）］。

（4）整理裁片

①把立裁坯样从人台上拿下，整烫平整，确保经纬线垂直，然后留相应的缝份，剪去多余的坯布，标出丝绺线、对位记号等，如图 4–54 所示。

②按照后片右侧的裁片拷贝左侧裁片。

（5）试样修正

将整理好的裁片重新别合，再穿到人台上观察效果，检查成品与设计稿的款式、规格及细节的设计等是否相符，如不相符合，则在人台上进行修正，并做好记号。图 4–55 为荡领荷叶边连衣裙的成品效果。

(a) 左侧裙片造型

(b) 右侧裙片造型

(c) 裙子造型完成图

图4-53 裙子造型

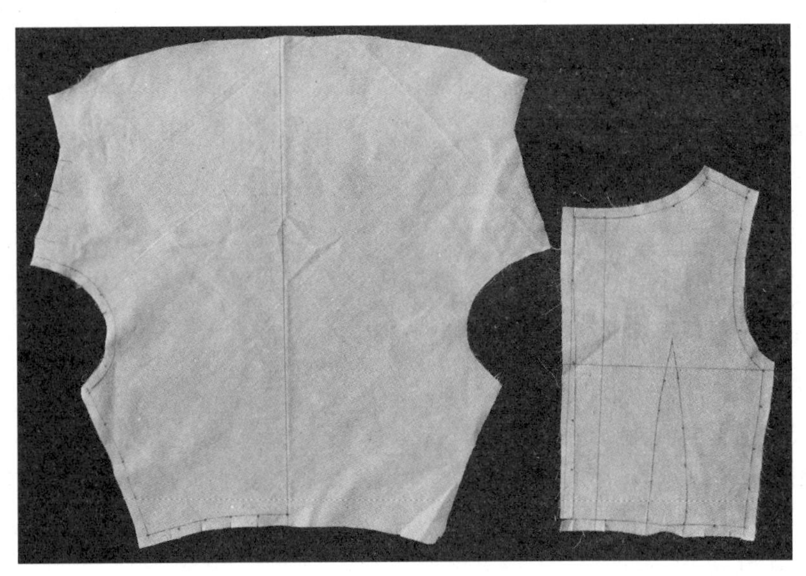

(a) 衣身裁片

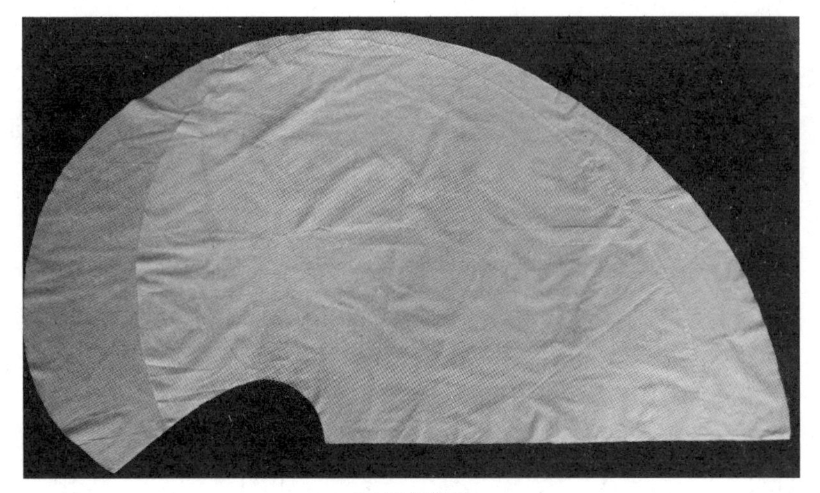

(b) 裙片裁片

图4-54　裁片平面展开图

(a) 正面成型效果图

(b) 侧面成型效果图

(c) 后背成型效果图

图4-55　荡领荷叶边晚礼服连衣裙成品图

（6）复制样板

将所有裁片取下，包括修正好的裁片，放到样板纸上，将裁片拷贝成样板，在拷贝的过程中将需要修正的部位修正好，并做好丝绺线、裁片名称、对位标记等样板标示，完成荡领荷叶边晚礼服连衣裙的造型结构设计（图 4–56）。

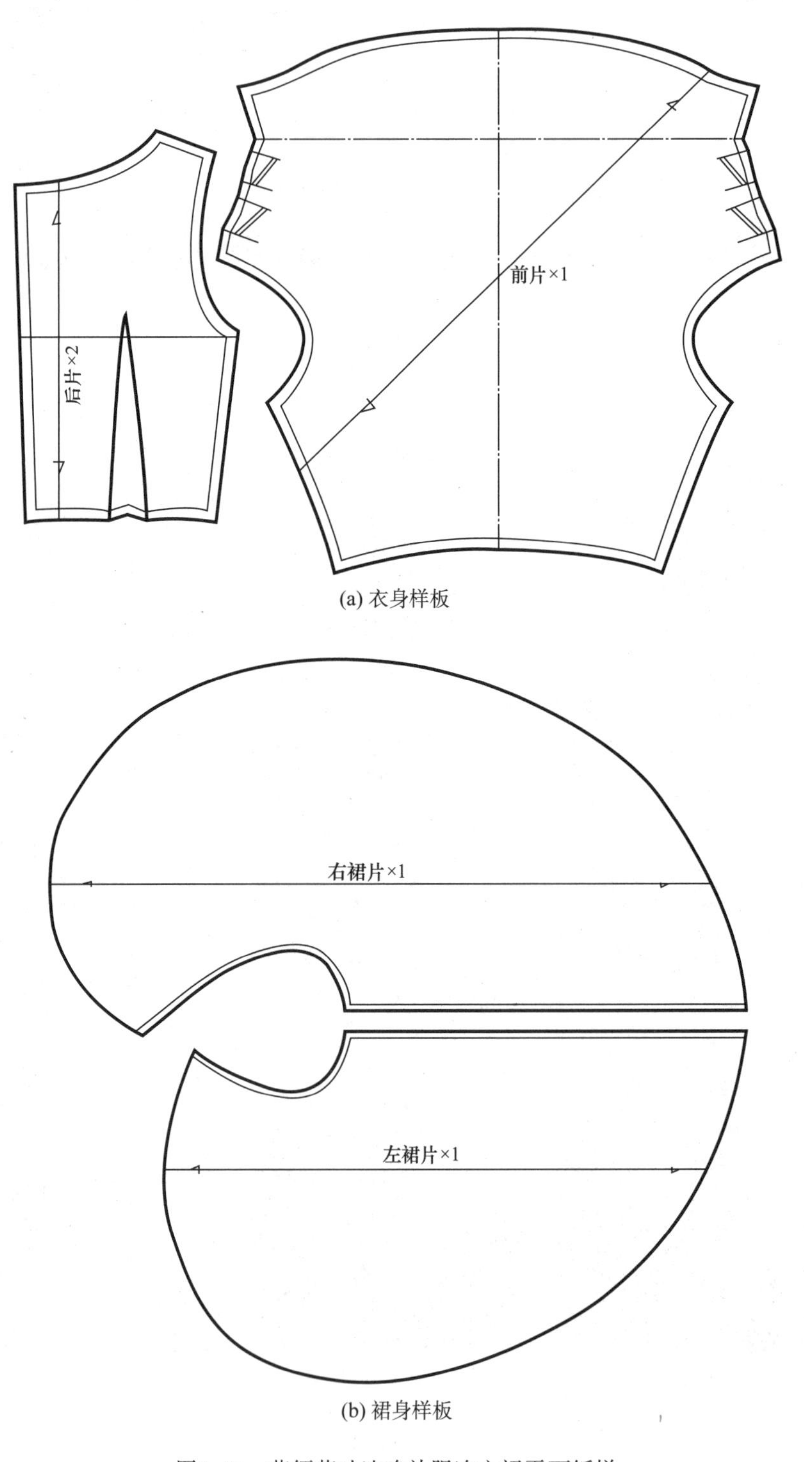

(a) 衣身样板

(b) 裙身样板

图4–56　荡领荷叶边晚礼服连衣裙平面纸样

第五章　牛仔类连衣裙

第一节　牛仔类连衣裙典型款式

牛仔类连衣裙作为牛仔服饰中一颗璀璨的明星，自从诞生到现在始终在时尚舞台上经久不衰，追溯牛仔服饰的流行，似乎摇滚乐歌手和电影明星起到了推波助澜的作用，尤其是摇滚巨星“猫王”埃尔维斯·普雷斯利，还有埃迪·科克伦、马龙·白兰度和詹姆斯·迪安等明星的着力倡导和身体力行。时至今日，牛仔服饰已经从物质的形态转化为人们的一种生活方式，其自然的仿旧效果、丰富而有个性的设计语言、精湛富有时代感的细节处理、精致合体的板型、随意的搭配性等特点处处透着潮流和前卫，随着纺织技术的发展，牛仔服饰不断吸收新技术、新材料、新设计的创新成果，使其有了对自然环境更强的协调和适应能力，春夏秋冬都有不同的面料、不同的款式来满足消费者的需求。

从牛仔服饰的起源和流行方式而言，可以把牛仔类连衣裙分为前卫式牛仔连衣裙和经典式牛仔连衣裙两种，前者总是满足时尚弄潮儿的消费需求，后者则是满足大众消费者对自然、休闲、舒适、个人自我表达的审美精神需求。

前卫式牛仔连衣裙已逐渐成为很多品牌创意设计的一种载体，如意大利安纳吉（Energie）品牌的运动牛仔风格，把连衣裙的飘逸和牛仔的阳刚结合形成具有运动的中性风格；莫斯奇诺（Moschino）品牌的幽默风趣，通过强烈的色彩及贴袋、拉链、烫标识等形式，将年轻人内心的激情演绎得淋漓尽致。由于前卫派的目标是追求标新立异和诙谐幽默，因此在前卫式连衣裙设计中新面料的应用是首当其冲的，如具有未来感的闪光金属面料、代表数码世界的立体构成、激光切割和数码喷印的图案、将超现实主义风格的图案印在牛仔裙和衣裤上，充满了强烈的现代艺术风格，这些新材料、新技法都是前卫式连衣裙的设计语言。

经典式牛仔连衣裙是在传统风格的基础上发展而成的，如英国著名牛仔品牌立酷派（Lee Cooper）的优雅、浪漫的气息，是英国绅士风格在牛仔服装上的表现，在保持牛仔原有风格基础上融入英伦时尚元素，外表深沉稳重，但内心却不失浪漫和激情，在产品上不断锐意创新，并针对中国消费者身型进行剪裁及细节的调整，呈现出独特的英国牛仔风格，形成了自己独特的经典式风格；意大利的阿玛尼牛仔系列（Armani Jeans）也具有自己传统的风格特征：阿玛尼牛仔系列保持着它一贯的含蓄、内敛的风格，款式简洁，色彩中性，它的服装既不显得无礼或违规，也不会过于华丽和粗俗，并非一味的休闲格调，而是用明彰优雅，暗藏性感的表达来展现穿着者的与众不同，且将异国情调、文化对比以及新美学规则融入新设计元素中，总是在经典高雅和随意浪漫之间徜徉。

一、前卫牛仔连衣裙典型款式

（一）著名设计师和品牌前卫牛仔连衣裙实例

德诗高（Desigual）是西班牙家喻户晓的一个前卫风格的品牌，它的商标（logo）已经成了开心、新鲜、反叛却又不过分的时尚代言标。

牛仔系列是德诗高的主打产品，与经典式牛仔有所不同，采用很多种全棉和混纺面料通过印花和绣花来表现设计细节，如图5-1和图5-2中的裙装用几何图案作装饰，虽然图案让

图5-1 德诗高2014年春夏（Desigual-S/S2014）前卫牛仔连衣裙一
（图片来源：WGSN世界时尚资讯网）

人眼花缭乱，但用黑白两色配色，肃然整齐。图 5-2 所示的两款也是德诗高相同风格的前卫式连衣裙。

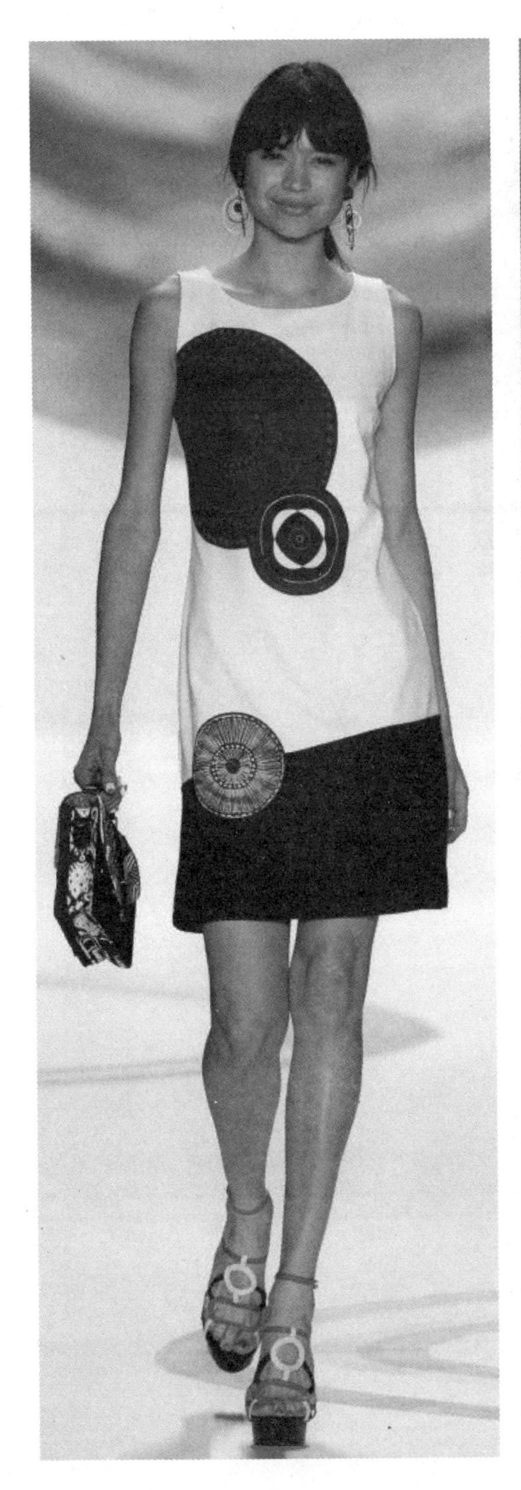
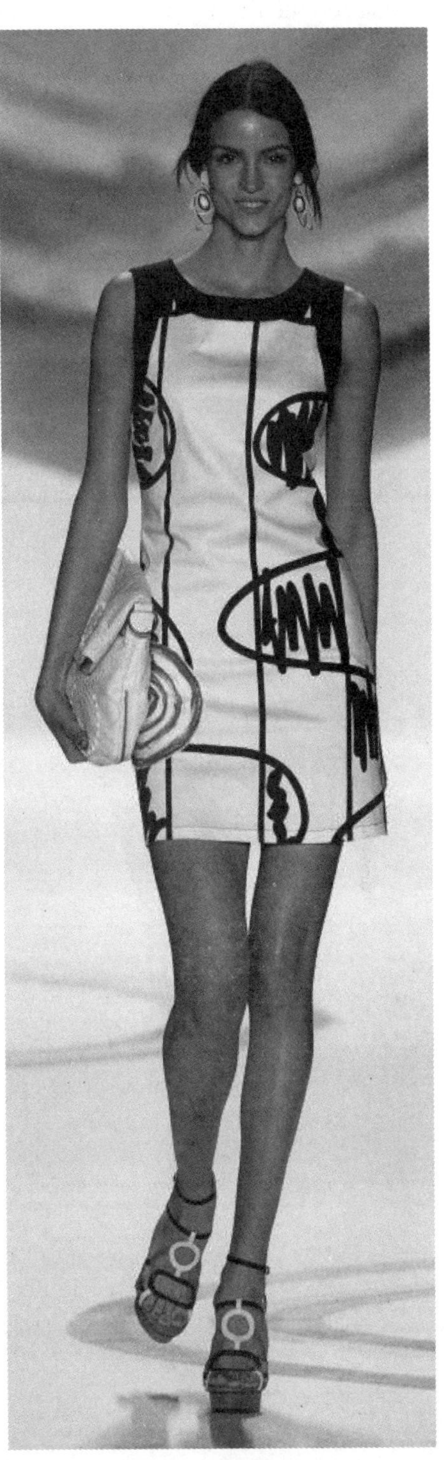

图5-2　德诗高2014年春夏（Desigual-S/S2014）前卫牛仔连衣裙二
（图片来源：WGSN世界时尚资讯网）

芭芭拉·裴（Barbara Bui）在 2014 巴黎春夏时装发布会上向人们展示了牛仔连衣裙的精致工艺，如图 5-3 所示。图 5-3（a）款通过破坏牛仔布的经纱做出图案，工艺非常复杂，对牛仔布的质量要求也很高；图 5-3（b）款打细褶，然后做旧水洗形成肌理效果。

(a)

(b)

图5-3　芭芭拉·裴2014年春夏（Barbara Bui-S/S2014）前卫牛仔连衣裙
（图片来源：WGSN世界时尚资讯网）

2004 年出道的英国新锐设计师阿施施（Ashish）凝聚各种矛盾冲撞的琳琅满目，破洞、字母、亮片、斑斓的色彩、像是乱穿一气的搭配，但这是阿施施想传达的女性应该会有些玩世不恭、又属于自己特有的性感一面，并且喜欢成为众人焦点的信息。阿施施品牌时装擅长用英国街头文化、嬉皮派印花、波普文化以及对各种经典的戏谑与挪用来设计。图 5-4 是阿施施在 2013 伦敦时装周上推出的款式，该三款均利用牛仔布通过水洗后产生不同深浅颜色，再把不同色块进行拼接，形成自然的异色搭配效果。

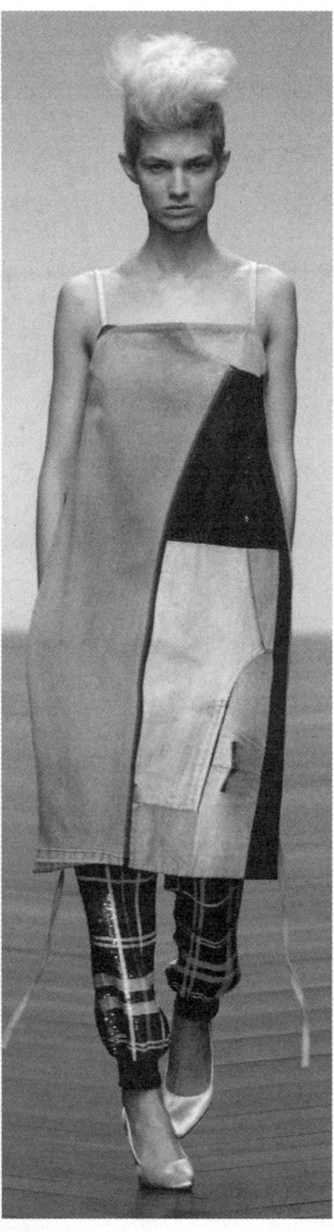
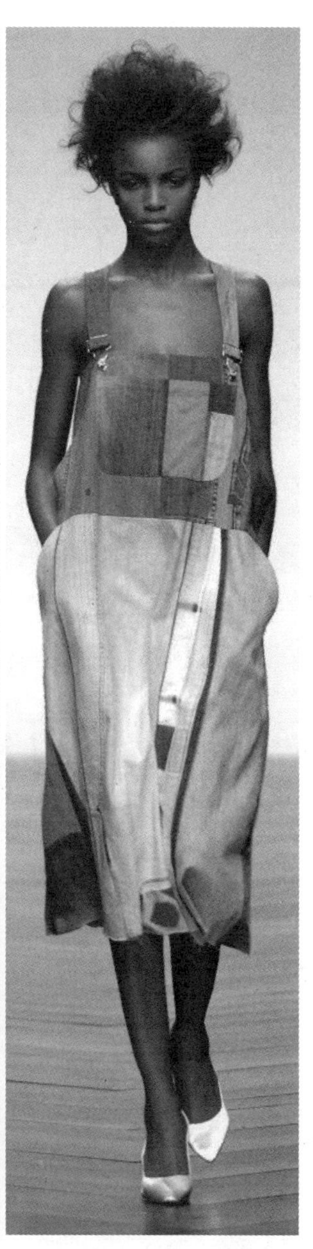

图5-4 阿施施2013年秋冬（Ashish-A/W2013）前卫牛仔连衣裙
（图片来源：WGSN世界时尚资讯网）

（二）前卫牛仔类连衣裙原创设计图稿

前卫牛仔类连衣裙原创设计图稿如图 5–5~ 图 5–7 所示。

图5–5　前卫牛仔连衣裙设计图稿一

图5-6 前卫牛仔连衣裙设计图稿二

图5-7　前卫牛仔连衣裙设计图稿三

二、经典牛仔连衣裙典型款式

（一）著名设计师和品牌经典牛仔连衣裙实例

法国著名品牌莲娜丽姿（Nina Ricci）一向以优雅浪漫为主流，但在这个女权时代，连Nina Ricci这种浪漫主义老牌都开始加入中性服装元素，然而在巴黎这块时尚地，即使是加入中性风格也不意味着放弃优雅。图5-8是莲娜丽姿在2014巴黎时装周上推出的经典牛仔连衣裙，这两款裙用较薄的白色全棉布制作，用牛仔类服装常用的缉明线装饰手法，优雅中带着自然恬静。

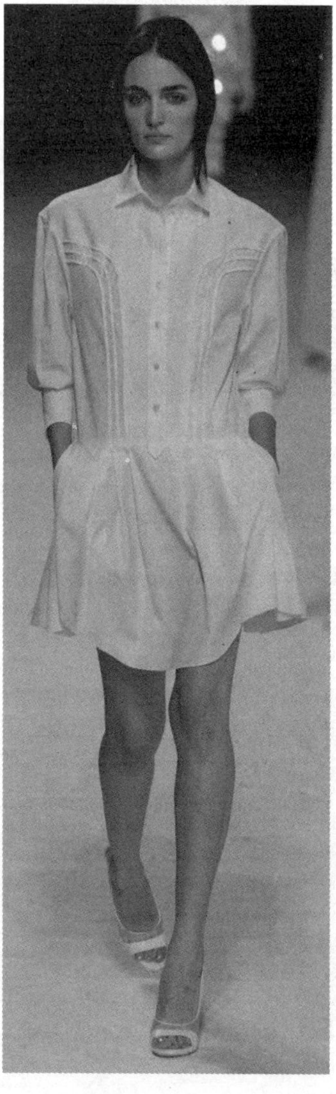

图5-8　莲娜丽姿2014春夏（Nina-Ricci-S/S2014）经典牛仔连衣裙
（图片来源：WGSN世界时尚资讯网）

德里克·兰姆（Derek Lam）是纽约较为成功的华裔设计师，她从小接受美国教育，能把东方文化和美国牛仔风格有机结合，图 5-9 是德里克·兰姆纽约时装周 2015 年度假系列推出的款式，此两款是比较简单的牛仔式连衣裙设计，图 5-9（a）款用靛蓝色纱卡和藏青色牛仔面料相配；图 5-9（b）是小 A 字牛仔裙，设计点在于用金色牛仔线缉明线，有很好的装饰效果。

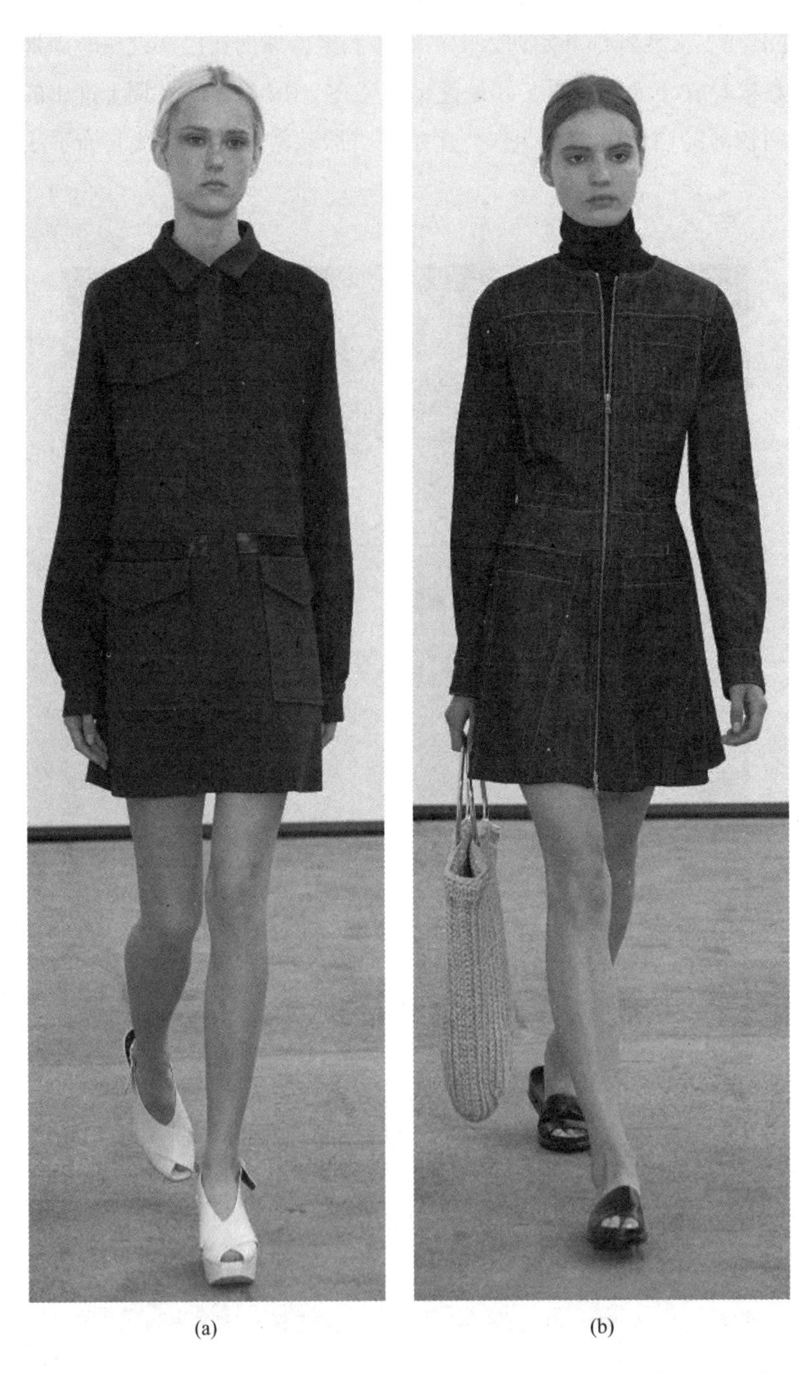

(a) (b)

图5-9 德里克·兰姆2015年（Derek Lam-2015）度假系列经典牛仔连衣裙
（图片来源：WGSN世界时尚资讯网）

图 5–10 是纪梵希（Givenchy）在纽约时装周上推出的 2014 度假系列的牛仔连衣裙款式，该系列设计应用经典的牛仔服设计手法，图 5–10（a）用拉链作装饰，胸部缉规则的金色明线装饰，不对称裙边缉双明线装饰；图 5–10（b）胸部和前款造型一样，裙下部在裁剪放褶的地方缉明线装饰，形成独特的视觉效果。

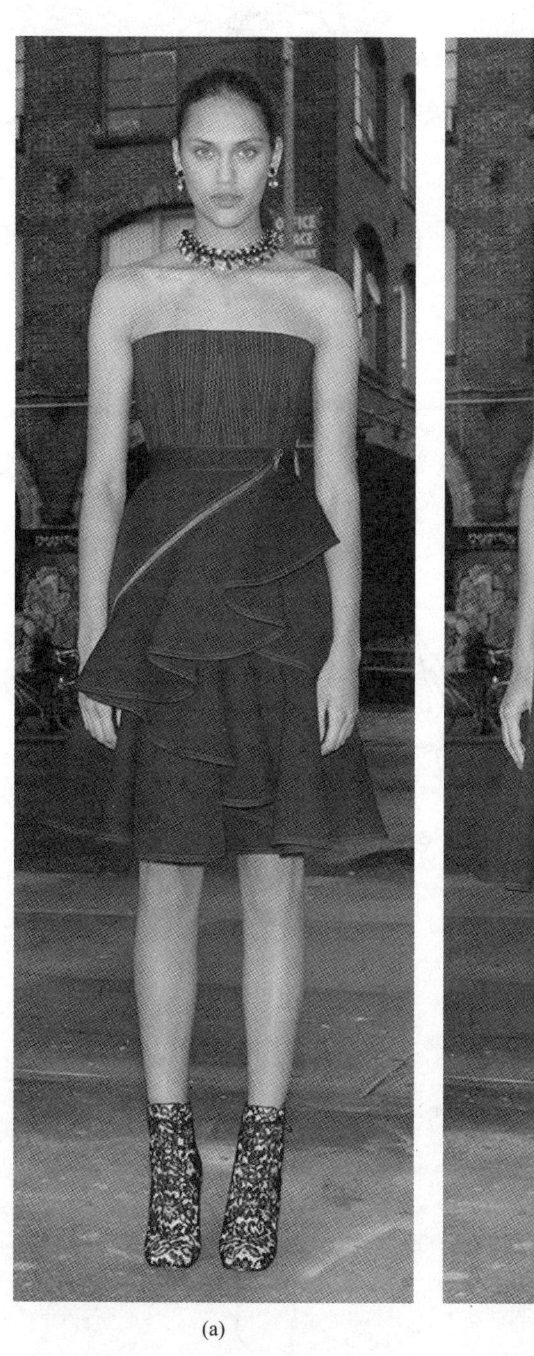

(a)

(b)

图5–10　纪梵希2014年（Givenchy–2014）度假系列经典牛仔连衣裙
（图片来源：WGSN世界时尚资讯网）

（二）经典牛仔连衣裙原创设计图稿

经典牛仔连衣裙原创设计图稿如图 5-11~ 图 5-14 所示。

图5-11 经典牛仔连衣裙设计图稿一

图5-12　经典牛仔连衣裙设计图稿二

图5-13　经典牛仔连衣裙设计图稿三

图5-14 经典牛仔连衣裙设计图稿四

第二节　休闲类连衣裙结构造型设计实例

一、前卫牛仔连衣裙设计实例

（一）异色拼接牛仔连衣裙造型设计

1. *款式分析*

图5-15所示款式为异色拼接牛仔连衣裙。异色拼接在牛仔服设计中经常采用，由于牛仔面料通过洗水后整理后会产生不同的效果，所以异色相拼设计就比较容易实现，此款正是利用了牛仔面料的这一特点进行设计，款式简洁，利用面料异色表现层次，跨部设计立体袋增强层叠效果，整件裙采用明线装饰，明线也可用异色线装饰。

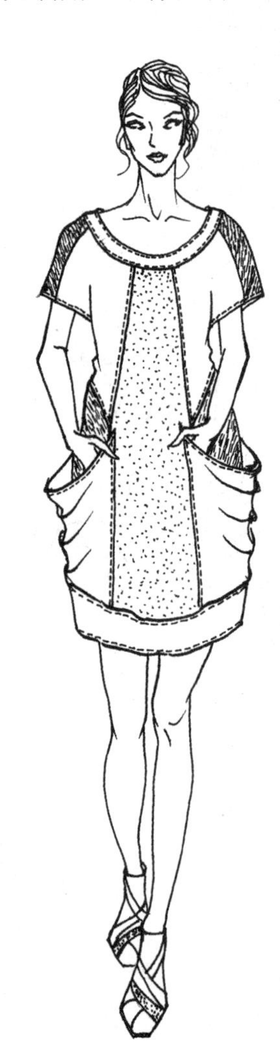

图5-15　异色拼接牛仔连衣裙效果图

2. *面料分析*

此款采用8盎司黑色斜纹牛仔面料较好，通过水洗可得到三种不同色度的黑灰色，分别拼做不同的部位。牛仔布（Denim）也叫作丹宁布，是一种较粗厚的色织经纱斜纹棉布，经纱颜色深，一般为靛蓝色，或者黑色；纬纱颜色浅，一般为浅灰或煮炼后的本白纱。此布始于美国西部，放牧人员用以制作衣裤而得名。牛仔布的厚度用盎司来计算，它的换算是1盎司等于28.375克，在织布机上一般为28.35克，跟纱支和织物经纬密度有关，纱越粗密度越大布越厚，克重量越大。经纱采用浆染联合一步法染色工艺，特数有80tex（7英支）、58tex（10英支）、36tex（16英支）等，纬纱特数有96tex（6英支）、58tex（10英支）、48tex（12英支）等，采用3/1组织，也有采用变化斜纹，平纹或绉组织牛仔，坯布经防缩整理，缩水率比一般织物小，质地紧密、厚实，织纹清晰，经过洗水后可产生很多种深浅不一的颜色，大大丰富了牛仔面料的种类。

3. *参考尺寸（表5-1）*

表5-1　异色拼接牛仔连衣裙规格表　　单位：cm

裙长（L）	胸围（B）	下摆	袖长（领口至袖口）	领口贴边宽	下摆克夫宽
85（第七颈椎点至裙摆）	104	90	18	3	5

4. **结构设计**（图5–16）

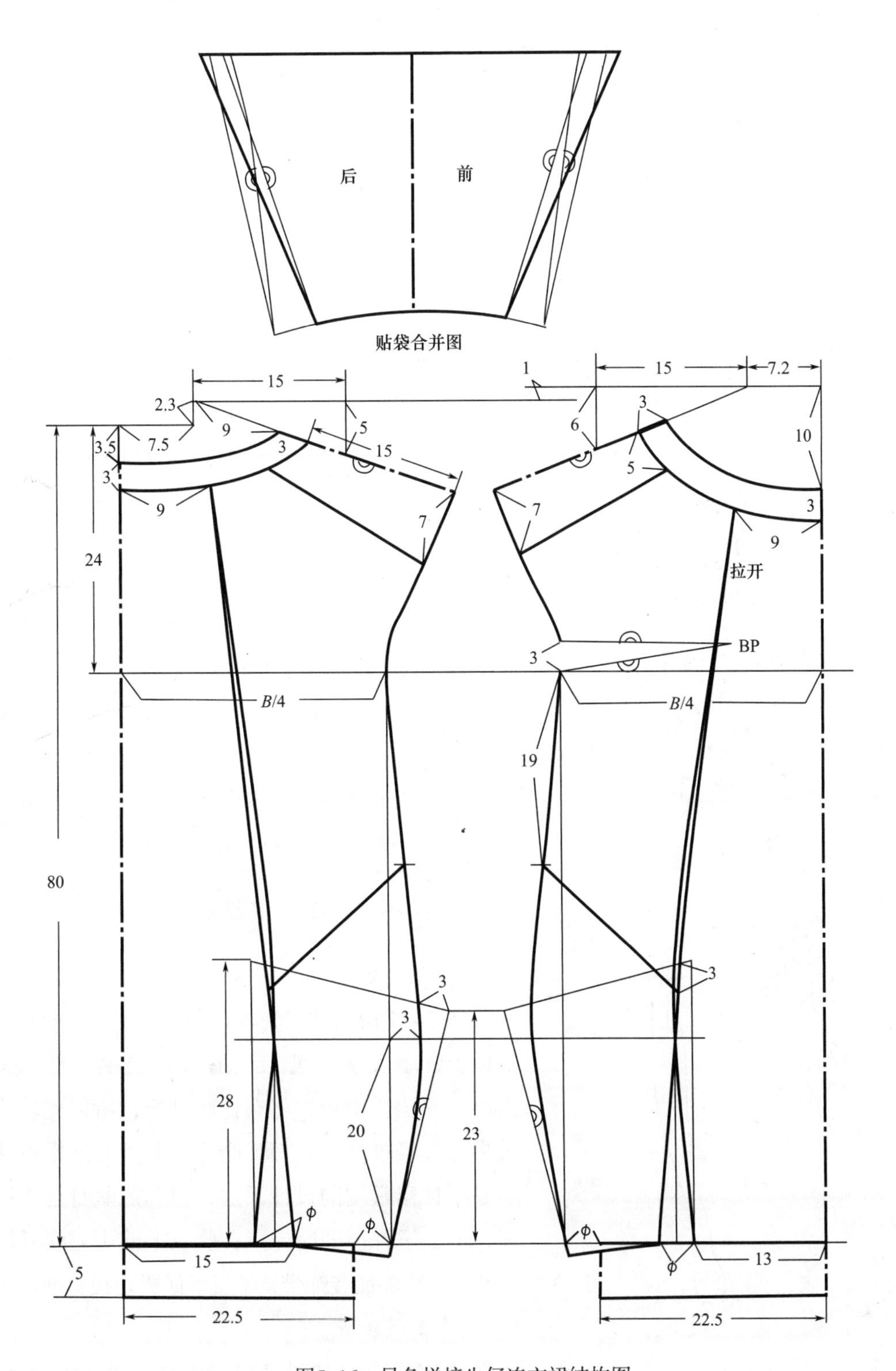

图5–16 异色拼接牛仔连衣裙结构图

5. 结构造型设计要点

①确定裙长、下摆克夫宽，袖窿深为 24cm，考虑人体的胸凸量需求，前片侧颈点在后片的基础上抬高 1.0cm。

②如图 5-16 尺寸确定基本领圈的横、直开领和肩线：根据效果图确定前后横开领的宽度为基本领圈开宽 9cm，后直开领在基本领圈的基础上开深 3.5cm，前直开领取 10cm，画顺前后领圈弧线。

③确定前、后片胸围尺寸，各取 $B/4$；下摆总宽取 90cm，在下摆线上 20cm 处支出 3cm，画顺侧缝线。

④确定肩线与袖长，与胸围宽连接画好袖口线。确定袖子上的分割线，领口处下 5cm，袖口处下 7cm。

⑤确定裙子衣身的纵向分割线。取胸省大为 3cm，BP 点离颈侧点距离为 24.5~25cm，距离前中心 9cm，画好胸省。前后分割线在领口处距离前后中心线为 9cm，后片分割线下摆处距离后中线为 15cm，前片分割线距离前中线为 13cm，画顺前后分割线，下摆处收掉适当的量，以保证下摆的尺寸及 O 型的造型。

⑥确定口袋的位置及规格。袋口两侧长 28cm，中间取垂直距离为 23cm，袋口侧缝处偏出 3cm，画好中线，注意垂直于袋口线。

⑦如图 5-16 在衣身侧片做好斜向分割线，侧缝一端从腋下下 19cm，分割线一端从袋口线下 3cm。

⑧如图 5-16 将袋口按中线合并，并将口袋下口的省道合并。完成异色相拼牛仔连衣裙的结构造型设计。

图5-17　连帽牛仔连衣裙效果图

（二）连帽牛仔连衣裙造型设计

1. 款式分析

图 5-17 所示款式为连帽牛仔连衣裙。裙长在膝盖以上，小 A 字下摆，无袖连帽，是件干练而又时尚的连衣裙。由于牛仔布比较硬挺，所以此款成形效果好，经过洗水处理又会穿着舒适。连帽设计虽然是牛仔裙常用的设计手法，但和此紧身合体裙相配，增加了许多的时尚感；胯以上前中心线开门襟钉纽扣，胯部加装饰带，增强牛仔裙的视觉冲击力。

2. 面料分析

此款式采用 12 或 12.5 盎司靛蓝色斜纹牛仔面

料较好，通过喷砂洗水可得到局部退色的效果。明线可采用同色，也可采用异色缝缉线，明线最好用较粗的牛仔线缝缉，增强装饰感。

3. **参考尺寸**（表5-2）

表5-2　超短连帽牛仔连衣裙规格表　单位：cm

裙长（L）	胸围（B）	腰围（W）	臀围（H）	下摆	后腰节长	肩宽（S）
94（后中）	88	70	92	124	38	36

4. **结构设计**（图5-18）

5. **结构设计要点**

①确定裙长、后腰节长和袖窿深，考虑人体的胸凸量需求，前片侧颈点在后片的基础上抬高1cm。

②确定裙子后中线，后中线在腰围处收1.5cm，臀围处（腰围线下19cm）收1cm，下摆收1cm，画顺后中线。

③确定前、后片胸围尺寸，后片为$B/4$，前片为$B/4+1$，其中的1cm用来补足后中和后片腰省收掉的量。

④图5-18（a）尺寸确定基本领圈的横、直开领和肩线；根据效果图确定后片肩宽为$S/2$，确定前后小肩长为8cm，画顺前后领口线；确定腋下胸省量为3cm，画顺前后袖窿弧线。

⑤确定前后肩育克分割位置：前片位于胸围线上7cm，后片位于袖窿深的1/2。

⑥确定前后片纵向分割线的造型：如图5-18（a）设置前后衣片的纵向分割，腰线处后片收3.5cm、前片收2.5cm，臀围线处后片重叠1cm，前片不重叠，下摆前后重叠3cm，画顺分割线。

⑦确定侧缝造型，侧缝在腰线处收1.25cm，臀围线处偏出0.5cm，下摆处偏出3cm，连接侧缝线和下摆线，注意线条的圆顺。

⑧确定胯骨处的横向分割线造型：如图5-18（a）在前中腰线下12cm，前后侧缝和后中腰线下11cm的位置设置前后片的横向分割，连接时注意线条的圆顺。

⑨如图5-18（a）在前后片胯骨分割线上设置装饰襻的位置和造型，并确定扣眼位。

⑩确定前胸贴袋和袋盖的位置和造型：袋盖位于前肩育克离袖窿线3cm处，长10cm，中心宽4.5cm，两侧宽3.5cm；贴袋中心长12cm，两侧长11cm。

⑪如图5-18（b）确定帽子造型。帽子的帽檐高约35cm，宽24cm；领口部分起翘6cm；帽子前侧立起如立领状，高6cm，如图5-18（b）画顺领口线、帽沿线和帽中线。

⑫如图5-18（b）确定门襟盖布的宽度为6cm，并确定扣眼位置：第一个离领口边1.5cm，与门襟下口之间的距离四等分，画好四个扣眼。

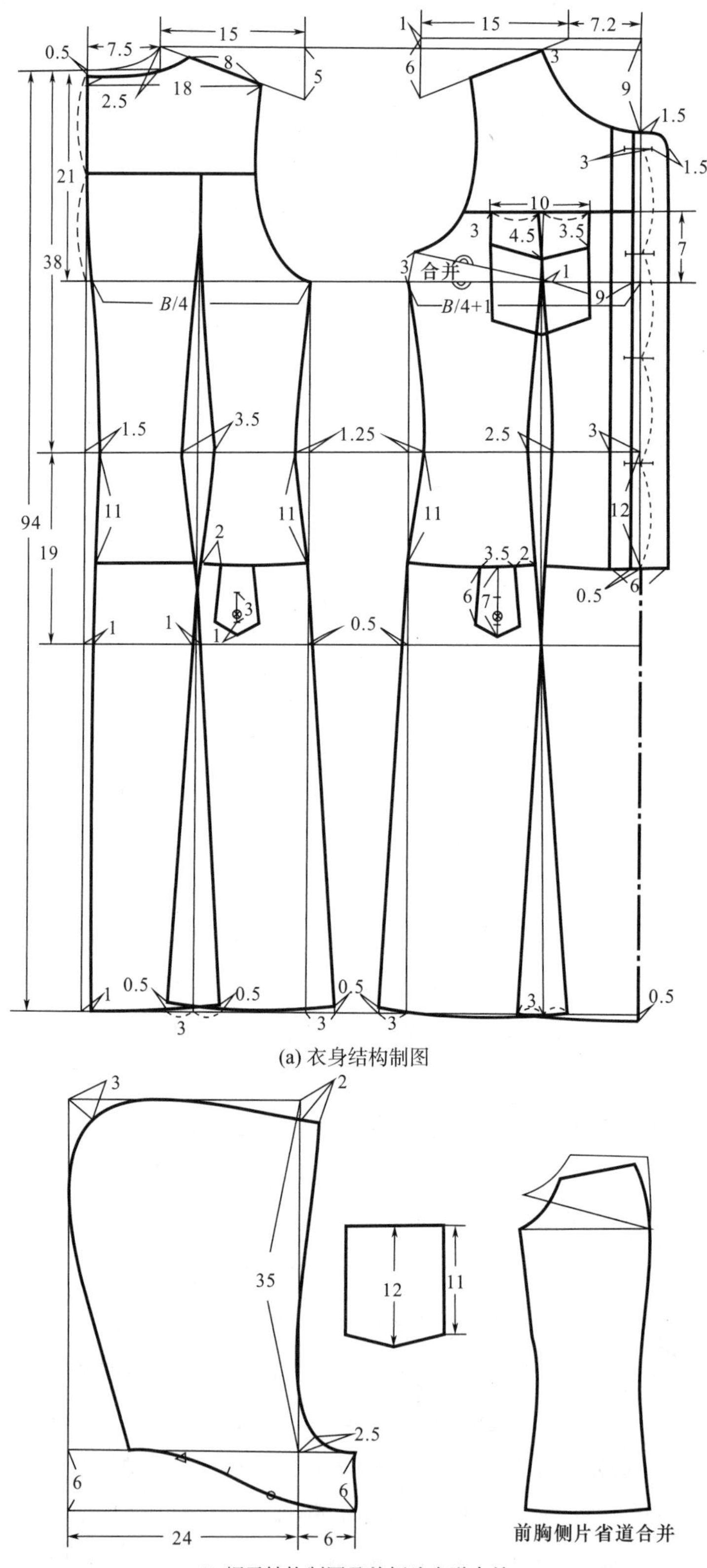

(a) 衣身结构制图

(b) 帽子结构制图及前侧片省道合并

图5-18　连帽牛仔连衣裙结构图

⑬按前胸侧片省道合并图所示做好胸省的合并，完成连帽牛仔连衣裙的造型结构设计。

（三）印花牛仔连衣裙造型设计

1. **款式分析**

图 5-19 所示款式为印花牛仔连衣裙。裙长在膝盖以上，大 A 字下摆，方形领配无袖，腰节稍微上提，两个装饰带吸引视觉；腰节下大摆抽碎褶，由于牛仔裙风格粗犷豪放，所以印花设计时采用印象派效果，与此裙应和；下摆用牛仔线作装饰，如果用彩色线混合使用效果会更好。

2. **面料分析**

此款采用 8 盎司平纹混彩牛仔面料较好。混彩牛仔布其织造工艺是采用多色段染纱线排列组合出布料的底层彩色花纹图案，然后在布料纱线表层再次染上布料所需的主基色，再局部剥除布料表层的部分颜色，露出纱线内部的颜色和布料底层的彩色花纹图案，凸显出花纹边界模糊且色彩柔和的混彩效果。该混彩牛仔布的生产工艺是多色段染纱线的生产、配纱和整经、预处理、染色和上浆、织造及后整理。该混彩花纹图案，达到粗犷质朴、色彩丰富、柔和自然的效果，同时能使造花、染色、上浆等工艺一次完成，减少了重复劳动，节约大量能源，并可显著降低此类混彩布料和多色段染纱线的生产成本和污染。除了用混彩牛仔布制作此裙外，还可以采用直接印花的方法，一般采用胶浆印花，烫金或者烫银，装饰效果也很好。

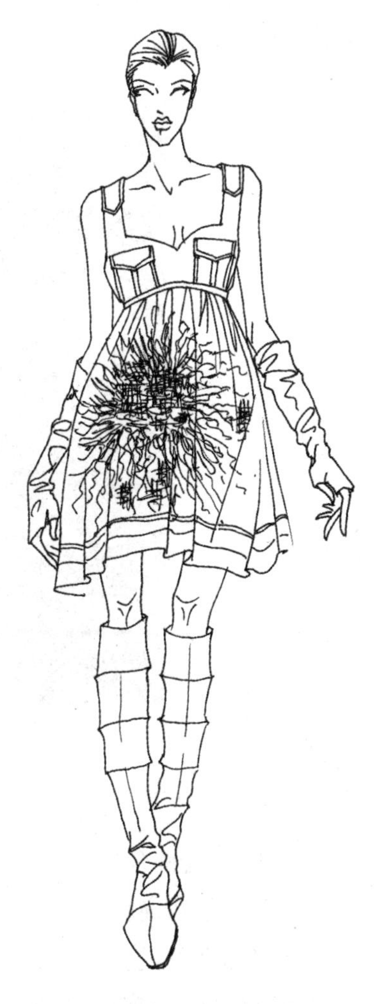

图5-19　印花牛仔连衣裙效果图

3. **参考尺寸（表5-3）**

表5-3　印花牛仔式连衣裙规格表

单位：cm

裙长（L）	胸围（B）	后腰节长	肩带宽
100（第七颈椎点至裙摆）	84	38	6

4. **结构设计**

（1）粘贴标示线

①确定人台，一般用中号人台，检查基本标示线是否完整。

②根据效果图粘贴衣身分割线：胸衣前中长至胸围线偏下 7cm，侧缝至胸围线下 9cm，后中至胸围线下 10cm；胸衣后中宽约 7cm；肩带在肩缝处宽 6cm，与后衣片连接处宽约

5cm；胸衣下口贴边宽约 4cm。要求线条前、侧、后粘贴圆顺，如图 5–20 所示。

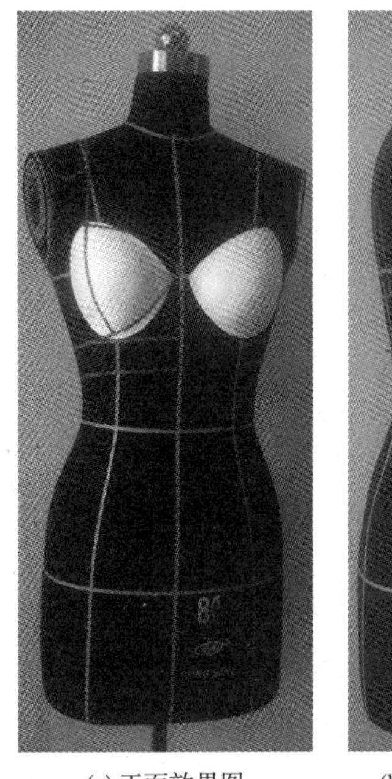

(a) 正面效果图

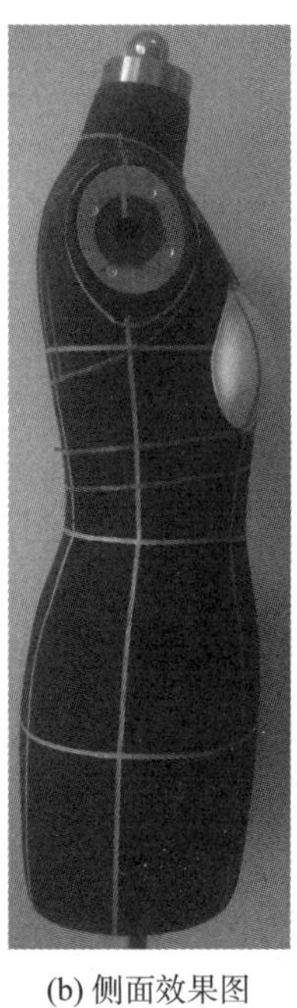

(b) 侧面效果图

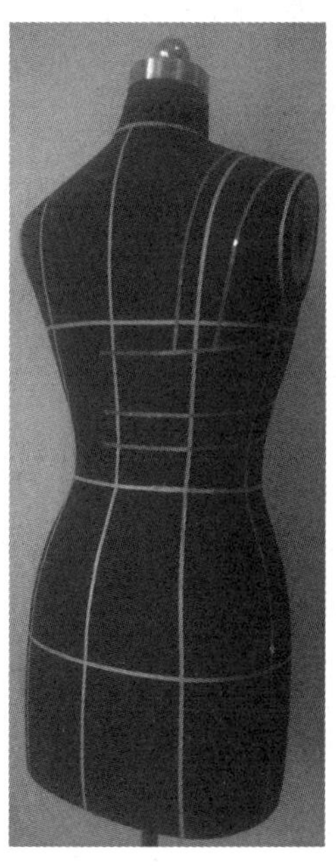

(c) 背面效果图

图5–20　衣身造型线的标记

（2）衣身前片造型

①取一块比前胸三角造型略大的方形坯布，在离布边 3cm 处画出布纹线。

②将准备好的坯布的布纹线对准胸衣的领口线固定，将布片抚平，所有余量推至布片边缘，如图 5–21（a）所示；按所粘贴的轮廓线描点，修剪多余布边，留 1~2cm 缝份，如图 5–21（b）所示。

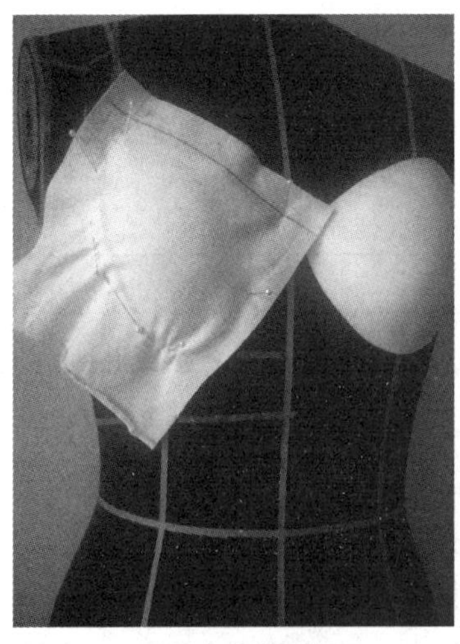

(a) 固定前胸坯布

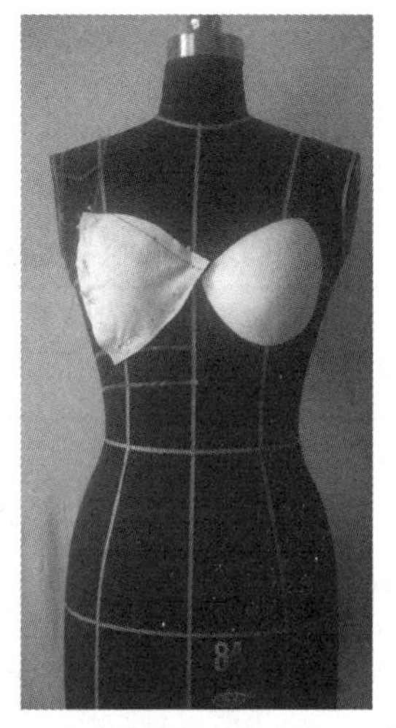

(b) 前胸造型完成图

图5–21　前胸片造型

③取一长约 35cm，宽约 20cm 的坯布，在离上口布边 25cm 处画出胸围线，对折坯布，取坯布宽的中心线为布纹参考线。将前侧片坯布的布纹参考线对应人台的公主线和侧缝线的中心，胸围线与人台的相应线对合，操作时注意侧片的布纹参考线与地面保持垂直，然后贴合人台固定；抚平坯布使其紧贴人台，按照所粘贴的袖窿线、分割线、胸衣下口线和人台的侧缝线描点，修剪坯布余量，留 1~2cm 缝份，完成前侧片造型。如图 5-22 所示。

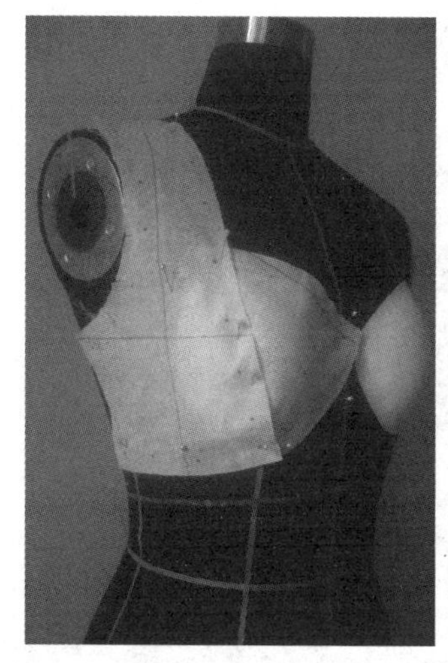

图5-22 前侧片造型

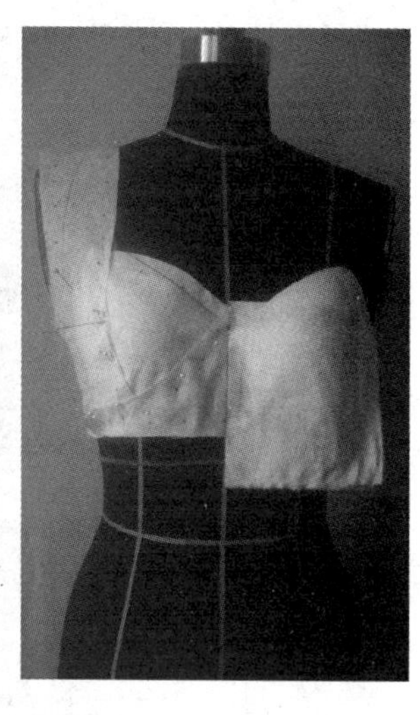

图5-23 前中胸下三角造型

④取一长 30cm，宽 10cm 的布条，对折画出前中心线；将布条的前中心线与人台的前中心线对合固定，抚平坯布，根据所粘贴的轮廓线描点，修剪坯布余量，留 1~2cm 缝份，完成前中胸下三角的造型。如图 5-23 所示。

（3）衣身后片造型

①取一长 30cm，宽 10cm 长条放于后衣身肩带位置，并覆盖至前肩，重叠量约 4~5cm，根据所粘贴的肩带造型描点，修剪坯布余量，留 1~2cm 缝份，如图 5-24 所示。

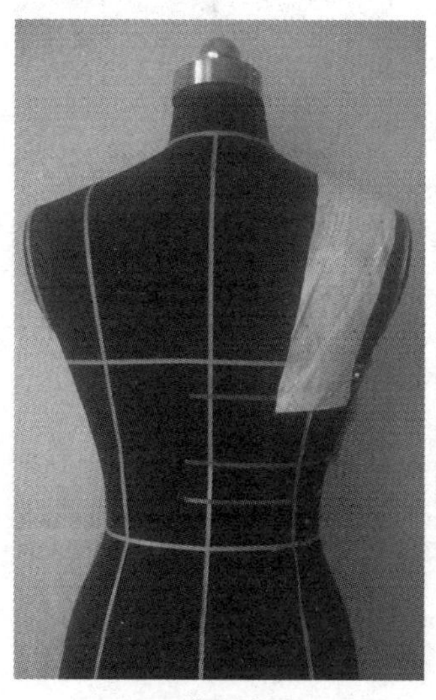

(a) 背面造型

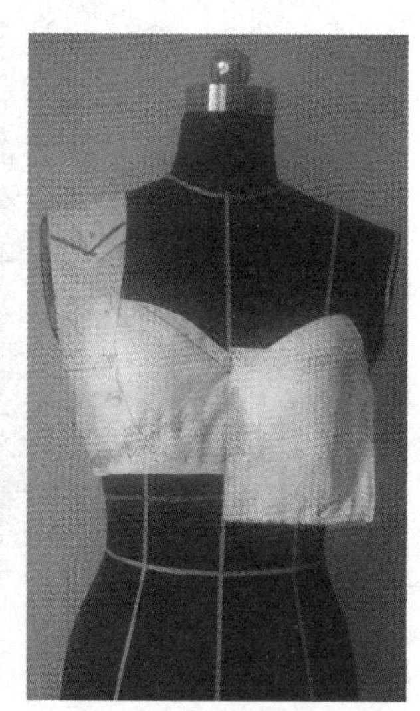

(b) 前面造型

图5-24 肩带造型

②取一长约 45cm，宽 15cm 的长条，对折画出后中心线；将布条的前中心线与人台相应线对合固定，抚平布片，根据所粘贴的后身造型描点，修剪坯布余量，留 1~2cm 缝份，完成

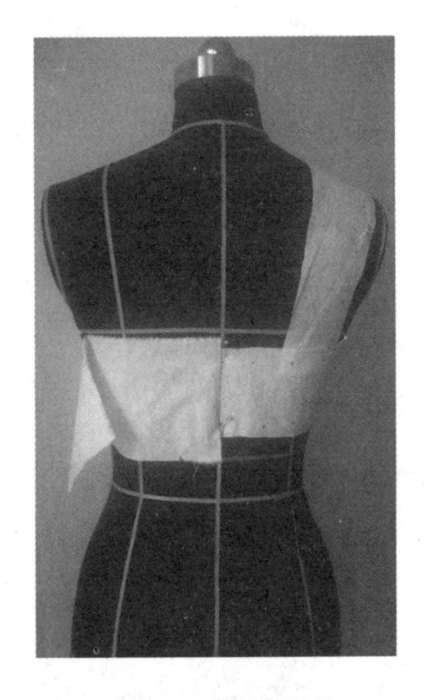

图5-25 后衣身造型

后衣身结构造型，如图 5-25 所示。

（4）胸衣下口贴边造型

①取一长于 40cm，宽约 15cm 长条，对折作出中心线；将布条的前中心线与人台相应线对合固定，抚平布片，根据所粘贴的贴边造型描点，修剪坯布余量，留 1~2cm 缝份，完成前衣身下口贴边的结构造型，如图 5-26（a）所示。

②同前衣身操作，完成后衣身下口贴边的结构造型，如图 5-26（b）所示。

（5）裙片造型

①取长 70cm，宽 100cm 的长方形坯布，对折画出中心线；上口抽缩细褶与前衣片下口贴边等长，即完成前裙片的结构造型。如图 5-27（a）、（b）所示。

②同前裙片操作，完成后裙片结构造型，如图 5-27（c）所示。

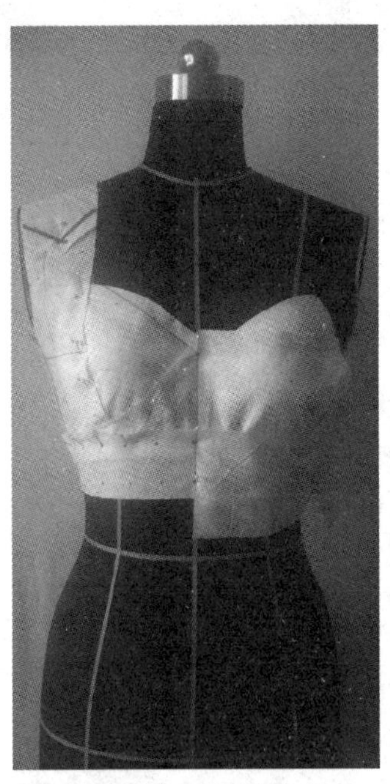

(a) 前衣身下口贴边造型

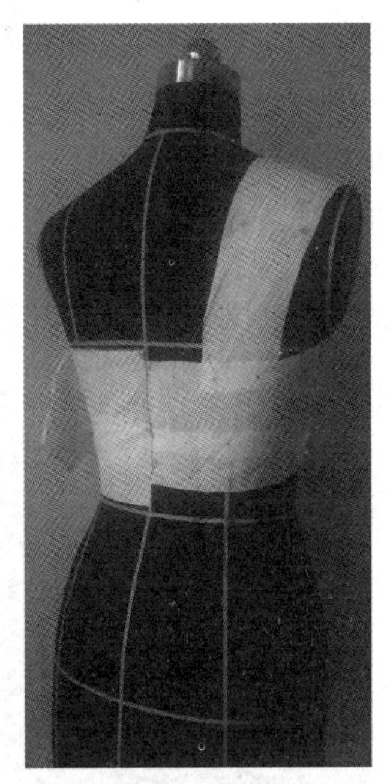

(b) 后衣身下口贴边造型

图5-26 衣身下口贴边造型

（6）贴袋与袋盖造型

根据效果图做出前胸袋盖和贴袋的造型，如图 5-28 所示。

（7）整理裁片

①把立裁坯样从人台上拿下，整烫平整，确保经纬线垂直，后衣片和前后衣身下口贴边

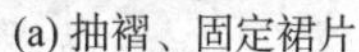

(a) 抽褶、固定裙片　(b) 前裙片造型　(c) 后裙片造型

图5-27　裙片造型

按所操作的一侧对称，剪去多余的坯布，留相应的缝份；标出纱向线、对位记号等，如图 5-29 所示。因裙片为 70cm × 100cm 的长方形，结构简单，在此略去。

②按照前右侧片的裁片拷贝前左侧片。

（8）试样修正

将整理好的裁片重新别合，再穿到人台上观察效果。检查成品与设计稿的款式、规格及细节的设计等是否相符，如不相符合，则在人台上进行修正，并做好记号。图 5-30 为印花牛仔连衣裙的成品效果。

（9）复制样板

将所有裁片取下，包括修正好的裁片，放到样板纸上，将裁片拷贝成样板，在拷贝的过程中将需要修正的部位修正好，并做好纱向线、裁片名称、对位标记等样板标示，完成印花牛仔连衣裙的造型结构设计，见图 5-31 所示。

图5-28　袋盖、贴袋造型

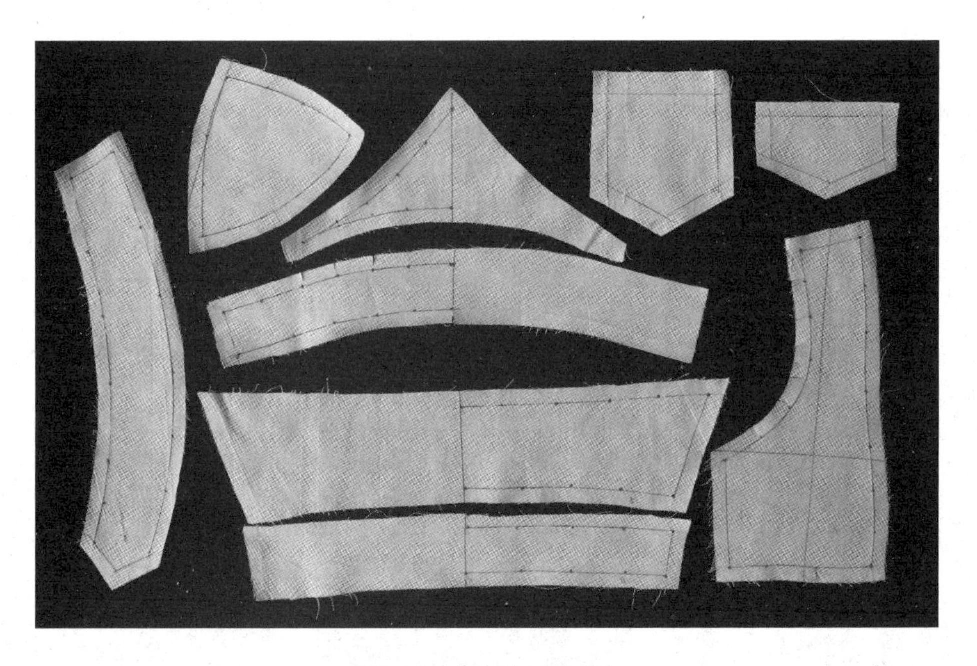

图5-29 裁片平面展开图

(a) 正面成型效果图

(b) 侧面成型效果图

(c) 背面成型效果图

图5-30 印花牛仔连衣裙成品图

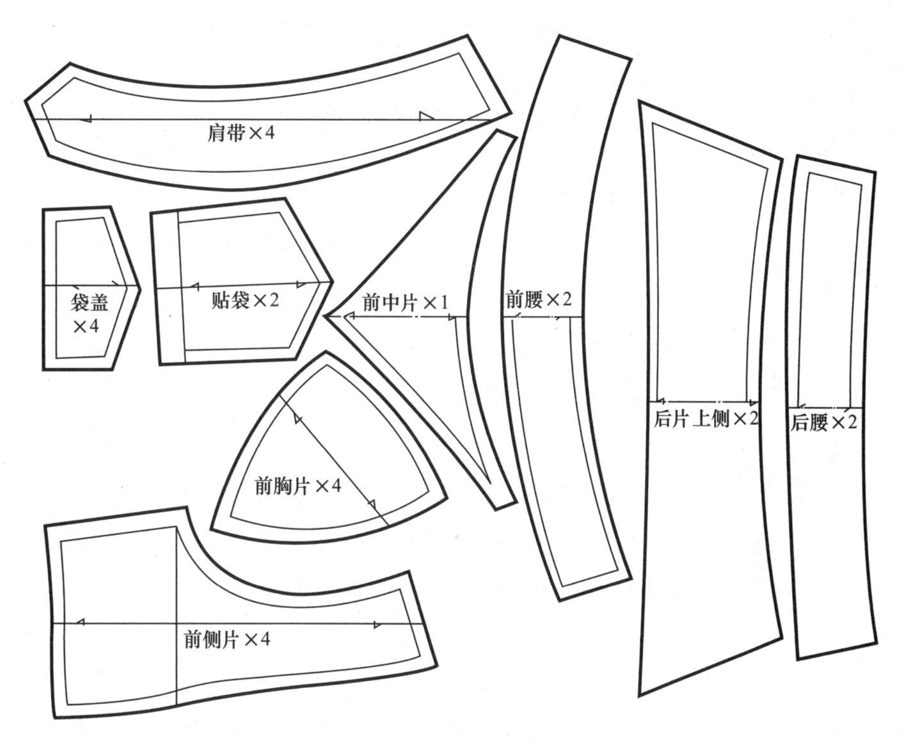

(a) 衣身及零部件样板

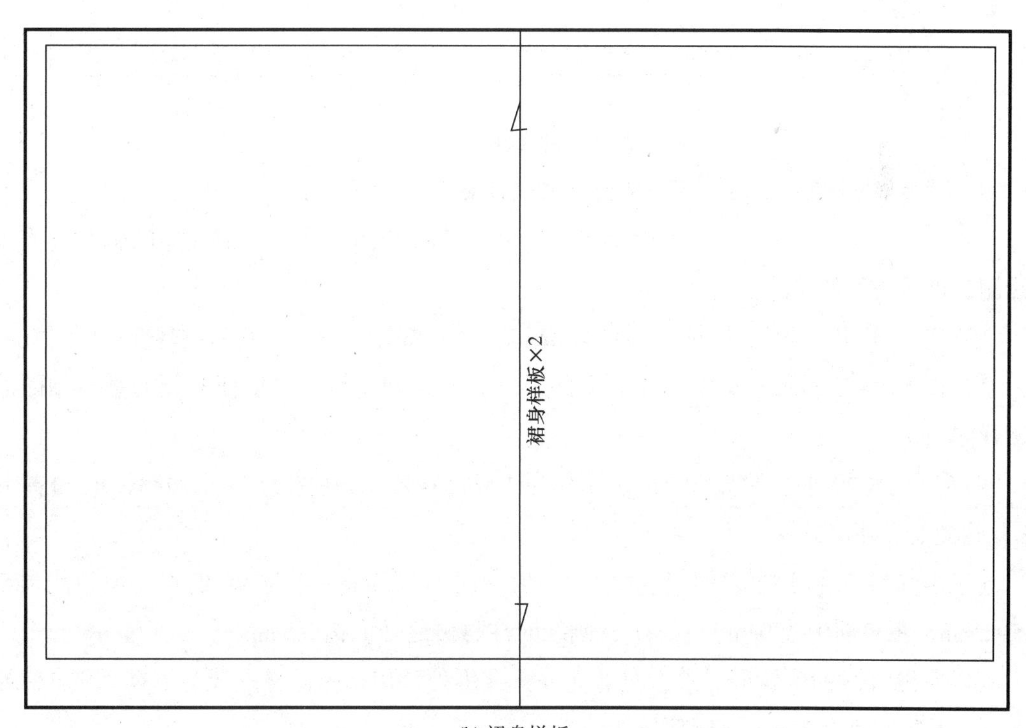

(b) 裙身样板

图5-31　印花牛仔连衣裙平面纸样

图5-32 线条装饰牛仔连衣裙效果图

二、经典牛仔连衣裙设计实例

（一）线条装饰牛仔连衣裙造型设计

1. **款式分析**

图 5-32 所示款式为线条装饰牛仔连衣裙。为了增加线条装饰效果，裙的前门襟加宽并缉双明线，配铜扣，下摆做克夫稍微收拢，形成独特的造型。下摆处两只大立体袋，与裙克夫相对应，突出裙的外造型轮廓。

2. **面料分析**

此款采用 10 盎司或者 12 盎司斜纹牛仔面料较好，此牛仔面料质地较厚，成型效果理想，缝制好成衣再进行“做旧水洗”处理，使此牛仔裙的颜色柔和，手感柔软。

3. **参考尺寸**（表5-4）

表5-4 线条装饰牛仔连衣裙规格表　　单位：cm

裙长（L）	胸围（B）	腰围（W）	臀围（H）	下摆	后腰节长	肩宽（S）
85.5（第七颈椎点至裙摆）	92	80	102	92	38	36

4. **结构设计**（图5-33）

5. **结构造型设计要点**

①确定裙长、后腰节长和袖窿深，考虑人体的胸凸量需求，前片侧颈点在后片的基础上抬高 1cm。

②确定前、后片胸围尺寸，前片为 $B/4+$●，其中的“●”用来补足后腰省在胸围处收掉的量。

③按图 5-33 所示尺寸确定基本领圈的横、直开领和肩线；前后横开领为基本领圈的横开领开宽 1cm。

④确定肩宽尺寸为 $S/2$，确定后背宽为 $1.5B/10+4$，前胸宽为 $1.5B/10+3$；取胸省大为 3cm，画顺前后袖窿弧线。

⑤确定前后育克分割线的位置，后片从后中线下 11.5cm，前片从 BP 点（位于侧颈点下 24.5~25cm，距离前中线 9cm）上 8cm，画线时注意侧缝处上抬 0.5cm。

⑥确定侧缝线的位置时，腰节处收 1cm，臀围处放出 2cm，臀围线与下摆线的 1/2 处放出 4cm，下摆处放出 3cm，画顺侧缝线。

⑦确定前后纵向分割线的位置，后片分割线距离后中心线 10cm，省道大 3cm，臀围处按省道中心线放出 3cm，臀围线与下摆线的 1/2 处放出 5cm，画顺后片分割线；前片分割线距

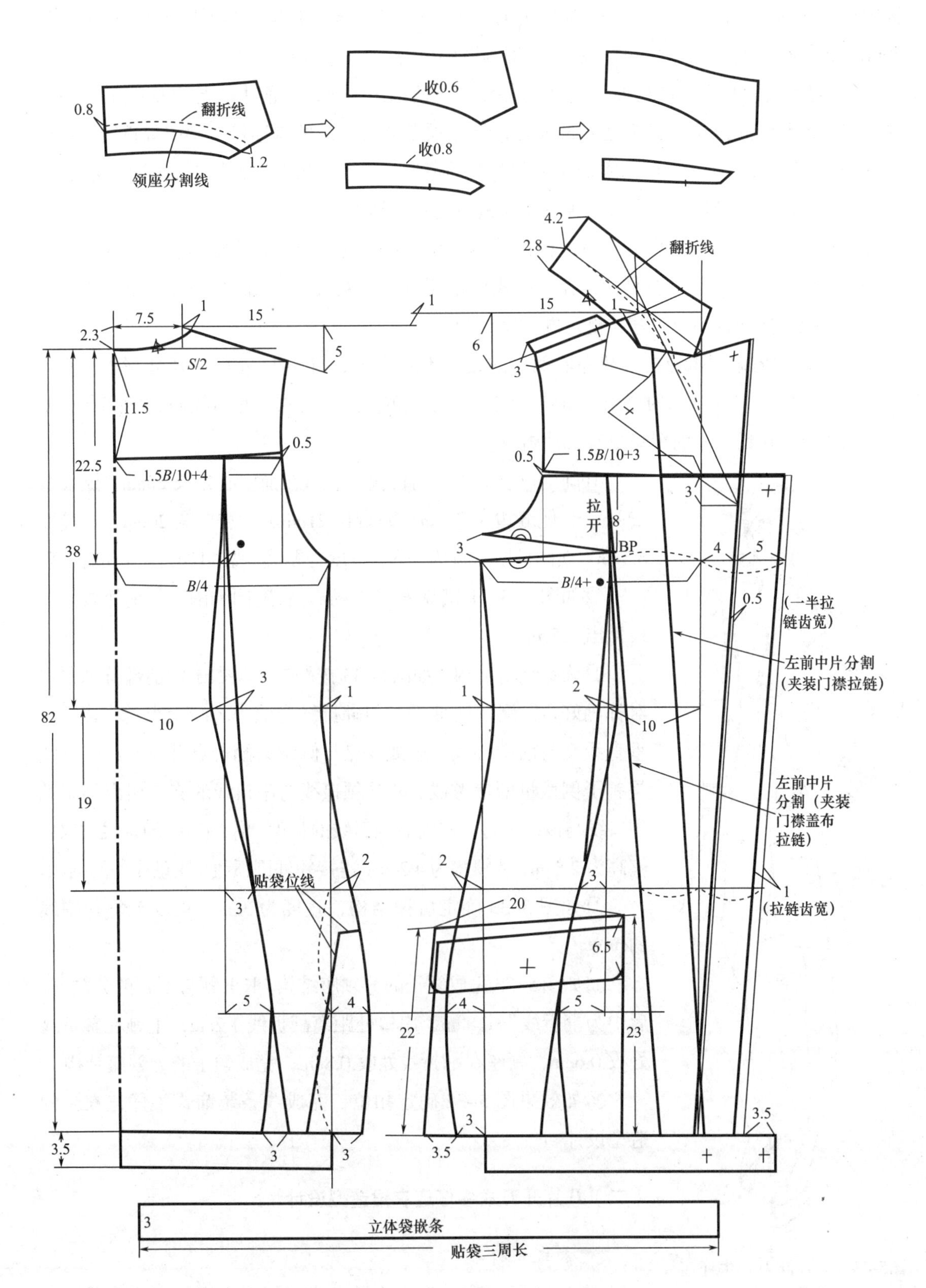

图5-33　线条装饰牛仔连衣裙结构图

离前中心线 9cm，省道大 2cm，臀围处按省道中心线放出 3cm，臀围线与下摆线的 1/2 处放出 5cm，画顺前片分割线，连接时注意下摆将侧缝偏出的 3cm 量去掉。

⑧确定前片止口线和驳头，止口线在胸围线处偏出 4cm，与前中线与下摆线的交点连接；驳头的翻折止点位于前育克下 3cm 处，与侧颈点延长 2cm 的点连接，形成翻折线；如图 5-33 所示先在翻折线一侧画出衣身领子和驳头的造型，再按翻折线对称过来。因止口拉链为露齿的明拉链，故结构设计中应去掉一半拉链齿的宽度约为 0.5cm。

⑨确定门襟盖布的宽度和位置，门襟在前育克分割线处以前中心线按到前片纵向分割线的距离对称，并与前止口线平行，在胸围线处距离前中线为 5cm。因门襟盖布拉链为露齿的明拉链，故结构设计中应去掉拉链齿的宽度约为 1cm。

⑩因该款为偏门襟拉链，故左右两片的结构不对称。如图 5-33 左前中片分割成三片，与门襟盖布的外口线对称的那条分割线，装入门襟盖布拉链；与衣片止口线对称的那条分割线，装入止口拉链。左前覆势也有二片组成。

图5-34 八片开刀式牛仔连衣裙效果图

⑪确定口袋的大小与位置。袋口在前中心处长 23cm（贴袋长 22cm），侧缝边长 22cm（贴袋长 21cm），袋口宽 20cm，袋盖宽 6.5cm。立体袋嵌条宽为 3cm，长度为贴袋除袋口边外三边的长度。

⑫如图 5-33 下摆克夫宽 3.5cm，长度同胸围大，前侧按前中线偏出 8.5cm。

⑬确定领子结构。如图 5-33 按翻折线将领子的前部分结构线对称画好，取侧颈处翻折点到翻折线与前中心线交点的中点，画垂直线交与前中心线，连接该点与侧颈处翻折点并延长，该条线是领子倒伏量的参考线。从前领口线与串口线的交点引出领子的领口线与该线平行，取前后领弧线的长度，作领口线的垂线，取领座高为 2.8cm，翻领宽为 4.2cm，连接领外围弧线，注意线条的圆顺。

⑭如图 5-33 确定肩襻结构，宽度为 3cm，长度至领外围线的位置。

⑮如图 5-33 完成领子的分领座结构。取上领与下领的分割线，后中为翻折线下 0.8cm，串口处距离翻折线 1.2cm；上领在翻折线处收 0.6cm，领座在翻折线处收 0.8cm；完成领子的分领座结构。

⑯如效果图 5-32 确定扣位，完成线条装饰式牛仔连衣裙的造型设计。

（二）八片开刀式牛仔连衣裙造型设计

1. **款式分析**

图 5-34 所示款式为八片开刀式牛仔连衣裙。借鉴普通梭织

布的做法，八片开刀，收腰丰摆，使牛仔粗犷中显现女性的柔美；前片腰节下收阴褶，下摆打开，既增加了立体感又给予下摆足够的量；肩部缩小，加泡泡袖，带有时尚之风。

2. **面料分析**

此款式采用8盎司平纹牛仔面料较好，且黑色洗水后变深灰色为最佳颜色，胸部断开处缝装饰线；为了避免牛仔布的僵硬，洗水时多加柔软剂，使成衣手感变软。此款也可以用彩色牛仔面料或者竹节牛仔布缝制，效果依然很好。

3. **参考尺寸**（表5–5）

表5–5 八片开刀式牛仔连衣裙规格表

单位：cm

裙长（L）	胸围（B）	腰围（W）	臀围（H）	后腰节	肩宽（S）	袖长（SL）	袖口	领高
90（第七颈椎点至裙摆）	90	72	96	38	34	57	24	8.5

4. **结构设计**（图5–35）

5. **结构造型设计要点**

①确定裙长、后腰节长和袖窿深，考虑人体的胸凸量需求，前片侧颈点在后片的基础上抬高1.5cm。

②确定前、后片胸围尺寸，前片为$B/4+1$，其中的1cm用来补足后腰省收掉的量。

③如图5–35尺寸确定基本领圈的横、直开领和肩线：确定该款的横开领为基本领圈的横开领开宽0.5cm，前直开领深为9cm。

④取肩宽为$S/2$，前胸宽为15.5cm，后背宽为16.5cm；取腋下胸省大为3.5cm，画顺前后袖窿弧线。

⑤确定裙子侧缝线，腰围处收1.5cm，臀围处放1.5cm，画顺侧缝线。

⑥确定前片的育克分割线，如效果图确定育克分割的造型，前中分割位于腰节线上6cm的位置。

⑦确定前后片公主分割线的位置，后片取腰线长的中点作垂线，取腰省大为3.5cm，臀围处重叠1cm，画顺后片公主分割线；前片公主线分割在腰线处距离前中心为7cm，省大2.5cm，臀围处重叠0.5cm，如图画顺前片的公主分割线。前后公主线分割在腰节下8cm处插入阴褶，单边褶大8cm。

⑧如图5–35做好公主线分割阴褶布的结构，一半宽度为8cm，长度与插入处分割线的长度一致。

⑨取前片叠门宽为1.75cm，门襟在育克以下部分做阴褶，褶大4cm，左右两侧褶大加上左右两侧的叠门量共11.5cm，取一半为5.75cm。

⑩完成领子结构，取侧颈点延长2cm与领口线与前中心线的交点的直线为翻折线；在翻

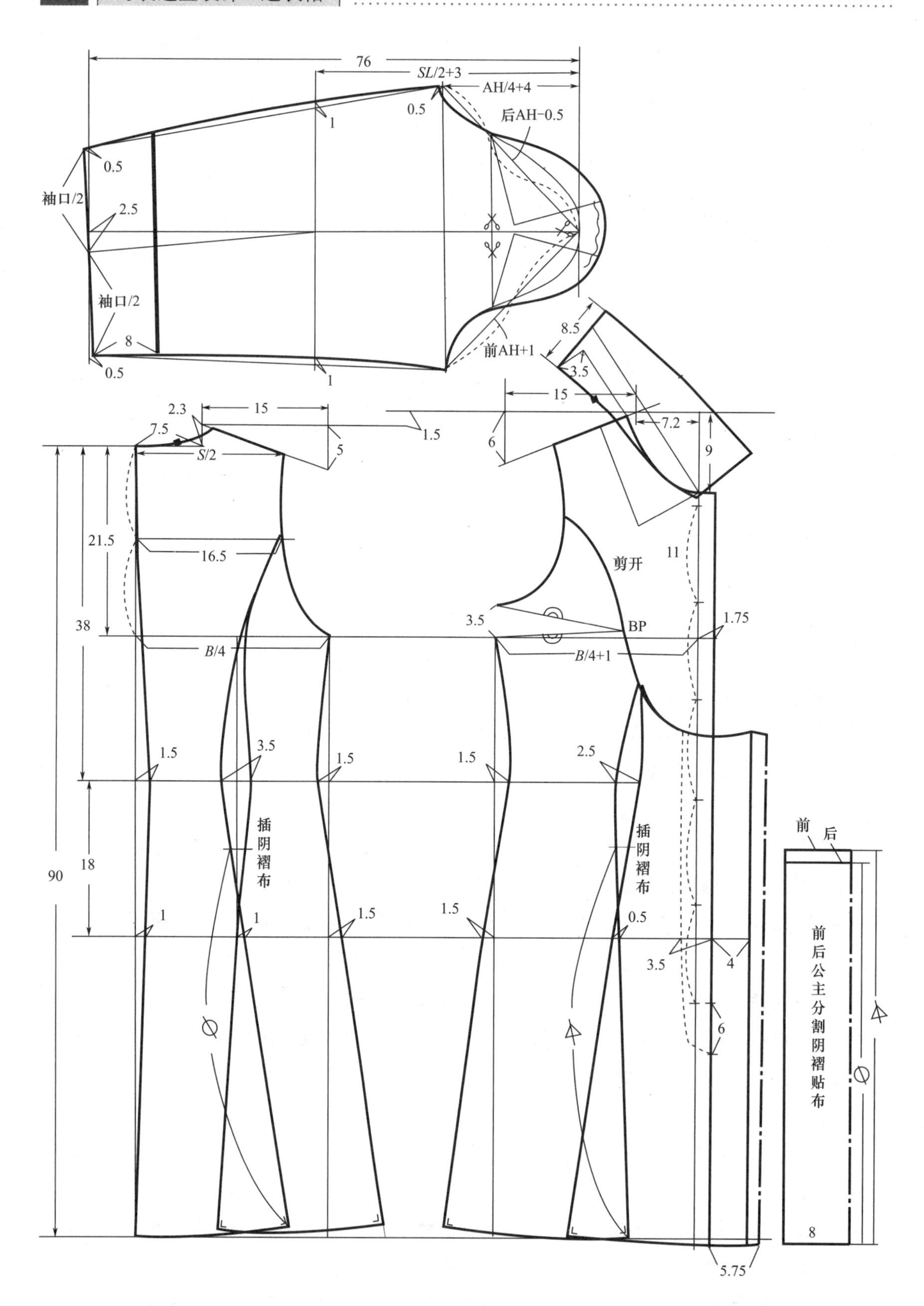

图5–35　八片开刀式牛仔连衣裙结构图

折线的左侧先按效果图画出领子的造型，然后按照翻折线对称；以侧颈点为基点画一条线与翻折线平行，取长度为后领弧线长减 0.3~0.5cm 画垂线，取垂线长为 3.5cm；连接该点与前领口线下 0.5cm 的线为领子的领口弧线，如图 5-35 注意与衣身领口弧线的部分重合；取领高为 8.5cm，画顺领子的外围弧线。

⑪完成袖子结构，如图 5-35 取袖长为 57cm，袖山高为 AH/4+4，袖肘线为袖山顶点下 *SL*/2+3cm，取前袖山斜线长为前 AH-1cm，取后袖山斜线长为后 AH-0.5cm，如图 5-35 画顺袖山弧线，后袖山在袖肥点偏下 0.5cm；袖中线在袖口处偏前 2.5cm，前后各取袖口的 1/2，前侧在水平线的基础上上抬 0.5cm，后侧在水平线的基础上下落 0.5cm，画顺袖口线；连接前后袖缝线，前袖缝线在袖肘处凹 1cm，后袖缝线凸 1cm。因款式为泡泡袖结构，所以要在袖山拉开褶量。如图 5-35 从袖山中线剪开至袖山高的 2/3 处，再横向剪开至前后袖山弧线，拉开所需的褶量，连顺新的袖山弧线；袖口在袖口线上 8cm 的位置分割，完成袖子的结构造型设计。

⑫确定前门襟扣位，第一个扣位离领口线 1.5cm，扣间距 11cm，共 6 个。前门襟下侧缉明线，宽 3.5cm，长度至最后一个扣位下 6cm。完成八片开刀式牛仔连衣裙的造型结构设计。

（三）直筒牛仔连衣裙造型设计

1. **款式分析**

图 5-36 所示款式为直筒式牛仔连衣裙。此造型的设计重点主要体现牛仔裙的休闲和干练风格，宽立领，宽袖头，下摆抽褶稍微收紧，长拉链配以腰松紧，使款式浑然一体，是不错的牛仔裙款式。

2. **面料分析**

此款采用 10 盎司长竹节牛仔面料较好，且黑色洗水后成黑灰色为最佳颜色；领部和袖口用罗纹，拉链可用树脂拉链，配色异色均可。

3. **参考尺寸**（表5-6）

表5-6　直筒式牛仔连衣裙规格表　　单位：cm

裙长（L）	胸围（B）	腰围（W）	后腰节	肩宽（S）	袖长（SL）	袖口（CW）
90	92	78	38	39	28	22

4. **结构设计**（图5-37）

5. **结构造型设计要点**

①确定裙长、后腰节长和袖窿深，考虑人体的胸凸量需求，前片侧颈点在后片的基础上抬高 1cm。

图5-36　直筒牛仔连衣裙效果图

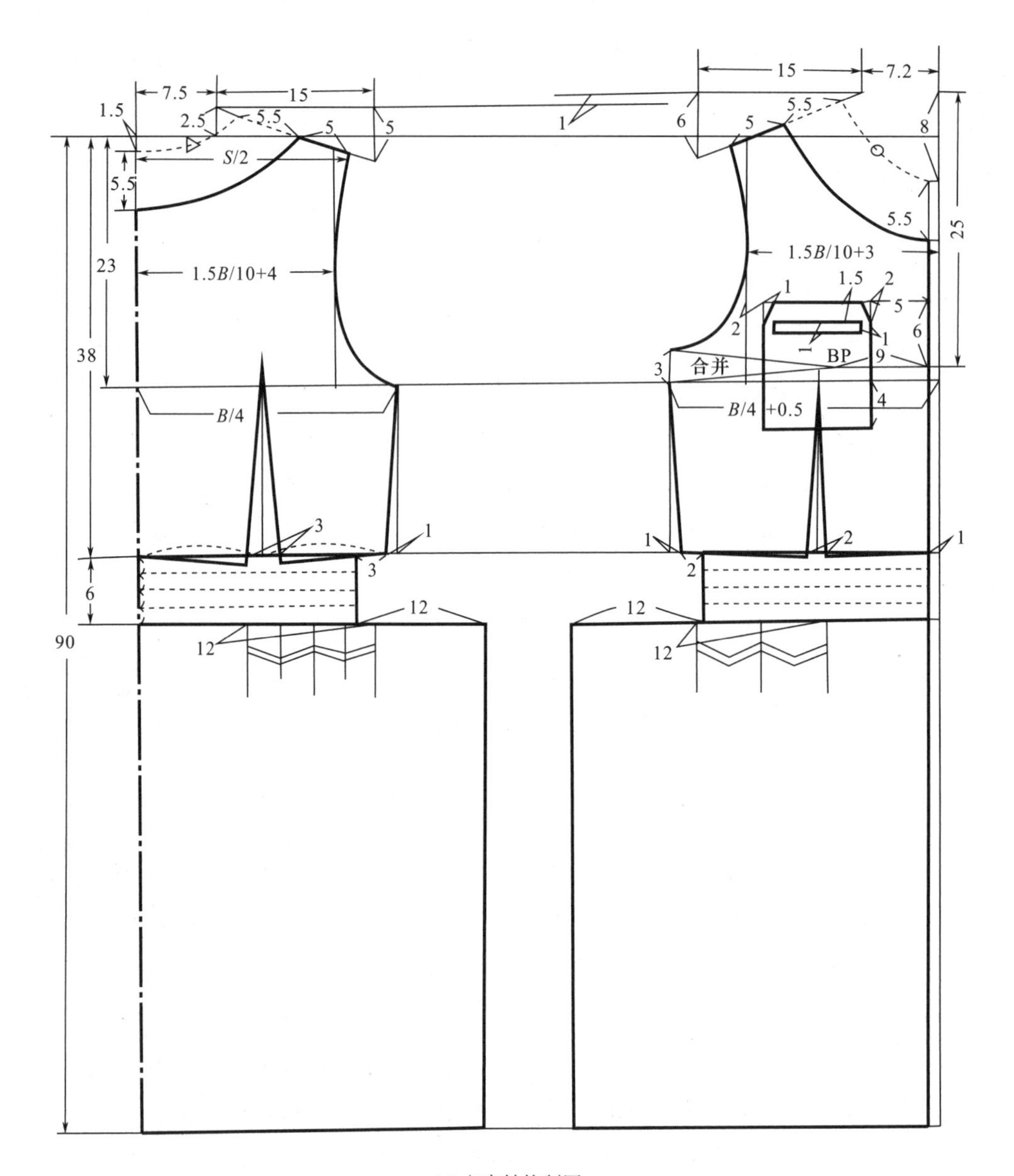

(a) 衣身结构制图

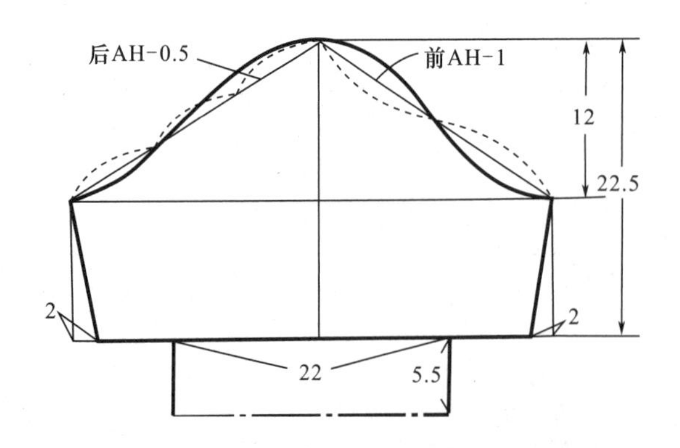

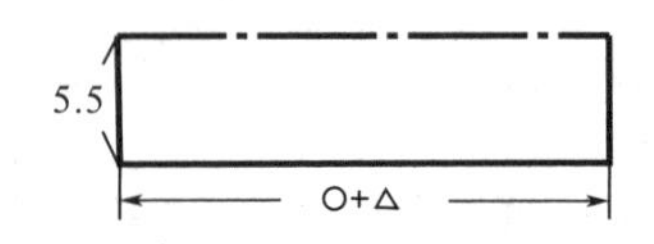

(b) 袖子结构制图

图5-37 直筒牛仔连衣裙结构图

②确定前、后片胸围尺寸：后片胸围为 *B*/4，前片为 *B*/4+0.5，其中的 0.5cm 用来补足后腰省收掉的量。

③如图 5–37（a）尺寸确定基本领圈的横、直开领和肩线；根据肩宽规格确定后片肩宽为 *S*/2；取衣身小肩长为 10.5cm，其中 5.5cm 为罗纹边。

④确定前片腋下胸省量为 3cm，将其合并转移至腰省，画顺前后袖窿弧线。

⑤上衣长至腰线，侧缝收进 1cm，后腰省收 3cm，前腰省收 2cm，如图 5–37（a）做好衣身下口线，注意下口线在省道合并后保持圆顺。

⑥中间腰带宽 6cm，长度规格按腰围大小确定；腰带沿水平方向每间隔 2cm 缉一条明线装饰。

⑦裙身在腰带长的基础上增加 12cm 的褶量，褶裥位置为与衣身的省道位对齐，如图 5–37（a）画好褶裥。

⑧因裙子前中拉链为露齿设计，宽约为 2cm，所以在前中去掉拉链的宽度。

⑨完成袖子造型：取长度等于袖长减去袖头的长度 5.5cm、取袖山高为 12cm；前袖山斜线长取前 AH–1cm，后袖山斜线长取后 AH–0.5cm，如图 5–37（b）画顺袖山弧线；袖口处缩进 2cm，完成袖子的结构造型。

⑩袖头罗纹宽 5.5cm，长为 22cm，袖口边对折。

⑪领子为罗纹材质，宽为 5.5cm，长为前领弧线（去掉 1cm 拉链宽）加上后领弧线，领上口线为对折边。

⑫如图 5–37（a）所示完成前胸贴袋的结构造型设计，完成直筒式牛仔连衣裙的结构造型设计。

参考文献

[1] 邹奉元，沈园，卓开霞. 服装工业样板制作原理与技巧 [M]. 杭州：浙江大学出版社，2006.

[2] 潘波. 服装工业制板 [M]. 北京：中国纺织出版社，2002.

[3] 周丽娅，周少华. 服装结构设计 [M]. 北京：中国纺织出版社，2002.

[4] 戴鸿. 服装号型标准及其应用（第二版）[M]. 北京：中国纺织出版社，2001.

[5] 卓开霞，侯凤仙，马艳英. 女时装设计与技术 [M]. 上海：东华大学出版，2008.8.

[6] 缪良云. 衣经 [M]. 上海：上海文化出版社，2000.

[7] Beyondna. 舞步蹁跹 – 裙子图话 [M]. 天津：百花文艺出版社，2004.

[8] 周锡保. 中国古代服饰史 [M]. 北京：中国戏剧出版社，2002.

[9] 蒋锡根. 服装结构设计 – 服装母型裁剪法 [M]. 上海：上海科学技术出版社，1994.

[10] 李当岐. 西洋服装史 [M]. 北京：高等教育出版社，1995.

[11] Mckelvey，K.，& Munslow J. *Fashion Design*，*Process*，*Innovation & Practise* [M]. Blackwell Science，2003.

[12] Bray，Natalie. *Dress Pattern Designing* [M].Blackwell，2003.

[13] Bray，Natalie. *Dress Fitting* [M]. Blackwell，2003.

[14] Bray，Natalie. *Dress Pattern Designing* [M]. Blackwell，2003.

[15] JoAnne Olian. *Wedding Fashions 1862-1912* [M]. Dover Publications，Inc. New York.

[16] 刘林泉，刘瑞金. 混彩牛仔布及其生产工艺 . 中国：CN200710027663.2. 2007.